Rubyではじめる
バイオインフォマティクス

生物系のためのプログラミング入門

多田 雅人 著

培風館

『Rubyではじめるバイオインフォマティクス』に寄せて

国立遺伝学研究所副所長　五條堀 孝

本書は，バイオインフォマティクス研究に不可欠なプログラム作成を，「Ruby」という比較的新しいプログラミング言語を使いながら習得することを目指したものとなっています．

執筆者の多田雅人博士は，最近まで私共の遺伝学研究所にあるDDBJ (DNA Data Bank of Japan：日本DNAデータバンク)で一緒に仕事や研究をともに行った研究者です．DDBJは，米国のNIH (National Institute of Health)という米国立の研究所のNCBI (National Center for Biotechnology Information)と欧州のEMBL (European Molecular Biology Laboratories)のEBI (European Bioinfomatics Institute)と共同で，塩基配列データを収集してデータベースを構築して提供する国際DNAデータバンクを運営しています．もう約25年の歴史を誇りますが，この国際データバンクでは，付加価値のついた2次的なデータベースや関連するソフトウェア開発を行っています．

多田博士は，DDBJにおいて，「生物学的データベースの構築」や「タンパク質機能の解析」などで成果を発揮され，当研究所を離れてからもバイオインフォマティクスの分野で精力的な研究を続けています．多田博士自身，独自にプログラミング・スキルを身につけ専門的なバイオインフォマティクス研究ができるようになるまで苦労した経験をおもちで，もし優しく，初心者が最初の基本から学べるガイドブックのような本があったら，「もっとたやすく短時間でバイオインフォマティクスの基礎を学べたのになあ」と述懐されていたのを非常に印象的に覚えています．

本書は，そのような貴重な多田博士の経験を活かして，まったくバイオインフォマティクスに今まで触れたことのない人たちを読者層として想定しています．このような多田博士のご自身の経験が本書には十分反映されているので，プログラミングをまったく知らない方や，バイオインフォマティクスの初心者が実践的知識を獲得することを可能とする格好の入門書であると思います．特に，高学年の高校生から大学生や大学院生はもちろんのこと，教師の方々や異分野で活躍中の研究開発者や大学の先生方まで幅広く，バイオインフォマティクスを1人で勉強したい方々には，うってつけの解説書でしょう．

最後に，この本を通じて，バイオインフォマティクスに関心をもつ人がさらに増え，一般の方々にもその裾野が広がることを願っております．

はじめに

この本は生物学・バイオインフォマティクスを題材にして，プログラミングがはじめての人に，その簡単さや楽しさを発見してもらうために書いた本です．「なぜ，バイオインフォマティクスなのか？」ということは，この後に記していきますが，私自身がプログラミングを覚えたのが，バイオインフォマティクスだったからです．

私は長い間，生物学の研究をしていました．それも，実験が中心の研究をしていたので，コンピュータやプログラミングなんてまったく関係のない世界で働いていたのです．実は，バイオインフォマティクスの研究を始める前に少しだけプログラミングの勉強をしたのですが，一般的なプログラミング入門書を読んだりしても，具体的に「どのような場面でプログラミングが必要なのか？」,「どういう風にプログラミングを問題解決に適用するのか？」など，プログラミングが実社会に役に立っている状態をイメージできなくて，通り一遍のプログラミング技術を覚えただけでした．

でも，コンピュータを利用して生物学を研究していく「バイオインフォマティクス」という世界を知って，はじめてプログラミングの楽しさを覚えたのです．バイオインフォマティクスといっても生物学が基本ですから，少し生物の知識が必要ですが，後は，コンピュータがあってプログラミングができれば，研究機関に勤めていなくても研究の楽しみが手に入ります．もう，研究は専門家が難しい顔をして進めていくものではありません．コンピュータの進歩を利用し，それぞれの人がそれぞれの興味に従って自分の研究を行えるのです．また，バイオインフォマティクスの世界で覚えたプログラミング技術を使って，ほかの分野 (物理や化学) の研究をしてもいいし，もっと身近な問題を解決するプログラムを開発することも可能です．

さあ，バイオインフォマティクスを題材にプログラミングを始めましょう．私も本当の初心者から勉強してきました．いま考えると「こういう知識を知っていればよかった」,「最初はこういう事がわからない」ということがたくさんあり，そういった問題点をなるべく解決できるように，この本に反映させていきたいと思っています．

謝 辞

私に，本書を書く機会を与えてくださった中原幹夫教授と，推薦文を記してくださった五條堀孝教授に感謝を申し上げます．また，この本の出版に関してご尽力をいただいた培風館の岩田誠司様と江連千賀子様には大変お世話になりました．最後に，本書を執筆するにあたって公私共に支えてくれた妻に心から感謝します．

2009年8月

多田雅人

目　　次

第 III 部　基 礎 編

第IV部　応用編

メモ：目　次

第Ⅰ部

イントロダクション

1

バイオインフォマティクス

1.1　バイオインフォマティクスのはじまり

生物学を情報的観点から研究し，その情報の中に隠れている普遍的な生物学的法則や概念などを導き出していくものが**バイオインフォマティクス**であるといえます．このバイオインフォマティクスが，現在のように生物学の一分野となるまでの流れを概観してみましょう．

生物学における情報処理のはじまり

生物学，特に遺伝学においては，**メンデル** (図 1.1) がその歴史的研究を行った当初から**遺伝情報**が世代間で伝わっていくことが概念として存在していました．この生物学における情報という概念を，研究の対象として早くから取り組んでいたのが病気の遺伝学的特性などを調べる**集団遺伝学**の分野になります．

この集団遺伝学の分野は, 医学的, 衛生学的な有用性 (Hardy-Weinberg の法則[1]), Wright-Fisher モデル[2])など) と相まって，遺伝学的情報に統計処理を行いその結果を解釈する手

図 1.1　グレゴール・ヨハン・メンデル (1822-1884)

1)　十分に大きな集団の中で男女の自由な結婚などが保障されると，世代間の遺伝子型の頻度は変化しない．
　参考文献 Hartle, D.L. & Clark, A.G. (1997) Principles of Popoulaton Genetics, Sinaur.
2)　有限個体数集団，世代間のオーバーラップなし，集団個体数一定などの条件を備えた繁殖モデル．**参考文献** Wright, S. (1931) Genetics, 16:97-159.

法が確立されました．また，集団遺伝学の研究は，そのデータ解釈が現実の観察結果と照らし合わせられ，それらの現象をよく説明できることから，とても成功した学問分野として考えられています．

生物学に配列情報という概念をもたらしたサンガー

バイオインフォマティクスにおける生物学的情報の基本となる配列情報 (**DNA**, **RNA**, **タンパク質**など) という概念を世に送り出したのは**サンガー** (図 1.2) によるものです．

彼はインシュリンのアミノ酸配列決定の業績でノーベル賞を受賞し (1958 年)，その後また DNA の配列解析法の開発で 2 度目のノーベル賞 (1980 年) を受賞します．余談なのですが，彼は RNA の配列解析法も開発していて，3 度目のノーベル賞という噂もあるほどです．

サンガーによる配列決定方法の開発により，配列情報という生物学的な情報を収集し統計処理などをコンピュータで実施する手法が始まったのですから，バイオインフォマティクスの専門家ではないサンガーを，バイオインフォマティクスの基礎を築いた重要な人物として考えるのは，間違っていないのではないでしょうか．

図 1.2　フレデリック・サンガー (1918-　　)

中立進化を提唱した木村資生

国内にも目を向けると，日本だけでなく世界的にその研究が影響を与えた研究者に**木村資生** (図 1.3) がいます．木村資生の提唱した「**中立進化**[3)]：遺伝子の変化割合は一定だが，生命活動に重要な遺伝子は負の自然選択の影響で遅く進化し，重要でないものは中立突然変異の影響で相対的に早く進化する」は，その独創的アイデアと，そのアイデアをサポートする研究の発表と相まって，晩年には進化生物学のノーベル賞といわれる**ダーウィンメダル**を受賞しています (1992 年)．

3) **参考文献** 舘野義男 『バイオインフォマティクス—生命情報学を考える』 裳華房 2008.

図 1.3 木村資生 (1924-1994)

木村資生が研究人生の大半を過ごした**国立遺伝学研究所**は，日本の遺伝学研究におけるトップクラスの研究所であり，現在でもその世界的地位を保っています．

バイオインフォマティクスにおけるデータベース

サンガーや木村資生を筆頭として，バイオインフォマティクスに関する研究が進められてきましたが，それと同時にバイオインフォマティクスによる成果の蓄積，データの整理・保存を目的として，生物学的情報を集めたデータベースが整備されるようになり，バイオインフォマティクス研究の拠点として活動しています．

すでに，1980 年代にはヨーロッパ **EMBL** (European Molecular Biology Laboratories) の **EBI** (European Bioinformatics Institute)，アメリカ **GenBank**，日本 **DDBJ** (DNA Data Bank of Japan) の 3 組織が活動を始めていました．今でも，この 3 極体制で**国際塩基配列データベース**といわれている，世界的なバイオインフォマティクスのためのデータベースが運営されています．

前述の国立遺伝学研究所に属している DDBJ (図 1.4) では，1987 年に「遺伝子数：66，塩基数：108,970」であったのが，2009 年の 3 月で「遺伝子数：102,099,156，塩基数：101,765,388,414」と膨大なデータベースへ変化しています[4]．

また，DDBJ ではこのデータベース運用のほかに，データベースの内容を公開するためのウェブなどの環境整備や，バイオインフォマティクス研究に有用なソフトウェアの開発，コンピュータシステム，ネットワークの管理・運用を実施しています．バイオインフォマティクスに関する研究を行いたい研究者や，データベース検索を実施したい学生の方は，ぜひ利用してみてください[5]．

4) http://www.ddbj.nig.ac.jp/breakdown_stats/dbgrowth-e.html
5) http://www.ddbj.nig.ac.jp/index-j.html

図 1.4　DDBJ のホームページ

塩基配列データベースのほかの主だったデータベースとして，タンパク質立体構造データバンク **PDB** (Protein Data Bank) と研究発表論文をもとに作成されている **Swiss-Prot** の 2 つのデータベースについて紹介しましょう．

PDB はタンパク質の立体構造情報をデータベースとして管理している組織で，日本では大阪大学蛋白質研究所に，日本蛋白質構造データバンク textbfPDBj (Protein Data Bank Japan) として運営組織が置かれています[6)]．このデータベースでは **PDB データファイル形式** (ファイル形式の解説，57 ページ参照) とよばれる，タンパク質などの生体物質内各原子の空間座標を記述したデータが管理されています．

もう一方の Swiss-Prot データベースは，正式には **UniProt Knowledgebase** を構成する 1 つのデータベースで，上記のように，論文として研究成果が発表されているタンパク質を中心に，マニュアル (人手による) アノテーションを主体としたデータベースです．このデータベースは人手によって論文内容を処理するため，収載データの量はほかのデータベースほど多くはありませんが，論文データをもとにしている点で特徴付けれらています[7)]．

ヒトゲノムプロジェクトのもつ意味

バイオインフォマティクスの流れについて考えるとき，**ヒトゲノムプロジェクト**の推進による効果を見逃すわけにはいきません．ヒトゲノムプロジェクトは，1990 年から始まり，2000 年の時点でゲノムのドラフトの完成が宣言され，2003 年には完成版が公開されました．

6) http://www.pdbj.org/
7) http://au.expasy.org/sprot/

このヒトゲノムプロジェクトが遂行される過程で，ゲノム配列を高速に解析する**ショットガン・シーケンス法**の開発やそれに伴うゲノム配列解析手法が開発され，バイオインフォマティクスの発展に大きく貢献しました．さらには，ショットガン・シーケンス法を開発した会社などが経済的な成功を収めるなどの，経済的・社会的影響にもヒトゲノムプロジェクトは大きな役割を担いました．

バイオインフォマティクス用の解析ツールを使いこなすためのプログラムライブラリ (BioPerl など) が出現したのも，ヒトゲノムプロジェクトによる大量データ解析の必要性から生まれたといわれています．

バイオインフォマティクスの手法—相同性解析

最後に，バイオインフォマティクス研究に利用される手法として，重要な**相同性解析**と**配列アライメント**の流れについて記しておきます．

最初に開発された **Needleman-Wunsch** のアライメントアルゴリズム (1970 年)[8)]から，本書でも解説している **BLAST** (Basic Local Alignment Search Tool) (1990 年)[9)]，**ClustalW** (1994 年)[10)] などの手法が開発され，大量データを処理するための基礎ができあがりました．

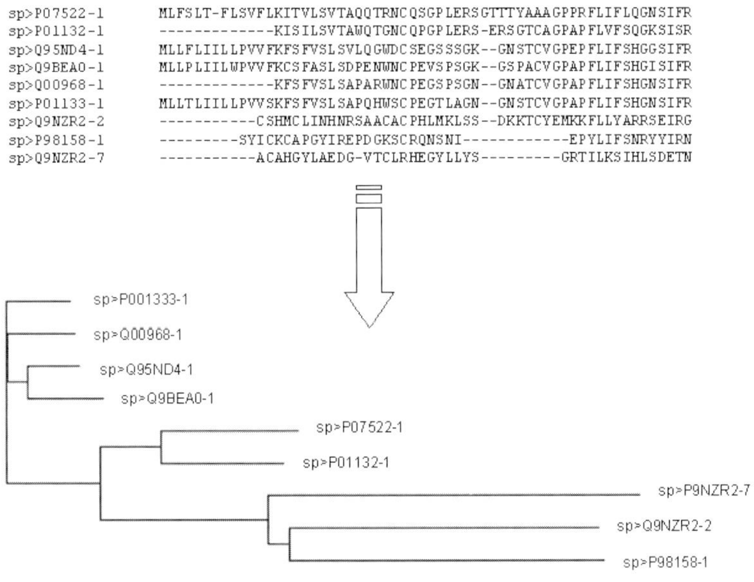

図 1.5 マルチプルアライメントから系統樹の作成

8) 参考文献 Needleman, S.B. & Wunsch, C.D. (1970) J. Mol. Biol., 48:443-453.
9) 参考文献 Altschul, S.F. *et al.* (1990) J. Mol. Biol., 215:403-410.
10) 参考文献 Thompson, J.D. *et al.* (1994) Nucleic Acids Res., 22:4673-4680.

現在では，

1. BLAST を利用した，目的配列とデータベース配列の相同性検索

2. ClustalW による，ヒット配列のマルチプルアライメント

3. 系統樹の作成

といった系統樹を作成する一連のスキームが確立しています (図 1.5).

1.2 バイオインフォマティクスのいま

バイオインフォマティクスの今までの流れについて概観してみましたが，ここでは現在のバイオインフォマティクスのトピックについて記してみます.

マイクロアレイによる遺伝子発現解析とタンパク質発現解析 (プロテオーム解析)

現在，生物学における実験とバイオインフォマティクスが融合した研究分野として，**マイクロアレイ** (図 1.6) による**遺伝子発現解析**や**タンパク質発現解析** (**プロテオーム**) が熱心に研究されています.

マイクロアレイによる遺伝子発現解析は，細胞内の mRNA を逆転写酵素と PCR を利用して DNA を合成し，マイクロアレイ上に固定した DNA プローブとのハイブリダイゼーションにより，特定の細胞で発現している遺伝子を網羅的に解析する手法です．そして，このマイクロアレイの実験結果を解析するために，様々な解析手法や解析ソフトウェアが開発されています.

同様に，細胞内で発現しているタンパク質を **2 次元電気泳動**や**質量分析**などを用いて，分離同定しタンパク質自体の発現を解析する**プロテオーム解析**も，**質量分析**からのタンパク質同定などにバイオインフォマティクスの手法が使用されているのです.

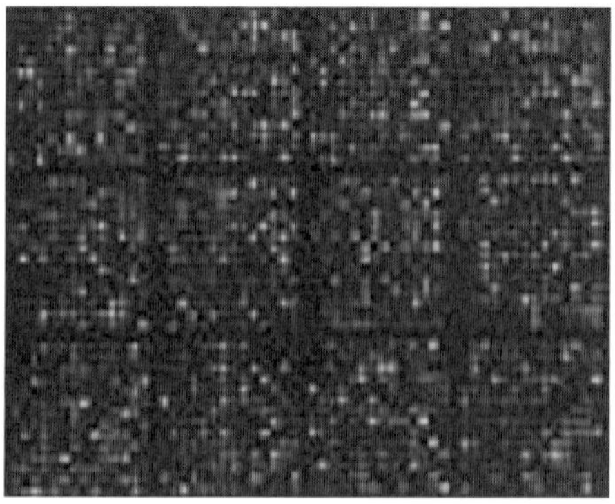

図 1.6 マイクロアレイ

そして，これらの大量データの解析結果を標準化する動きが始まっていて，**MIAME** (Minimum Information About a Microarray Experiment) というマイクロアレイデータの標準化規約が制定されています[11)]．そして，マイクロアレイのデータを論文として投稿する前に，データベースへの登録を要求する試みも始まっています (米：**GEO**，欧：**ArrayExpress**，日：**CIBEX**)．

生体物質立体構造解析と生体物質分子シミュレーション

ゲノム配列データやタンパク質配列データの解析を主とするバイオインフォマティクスとは別の，バイオインフォマティクス研究の流れとして，タンパク質などの生体物質立体構造解析やその情報を利用した，**生体分子シミュレーション**という分野も研究が行われています (図 1.7)．

現在では，α **ヘリックス構造**や β **シート構造**といったタンパク質の **2 次構造**を配列から予測することは，高い確率で可能となっています．さらに大きな部位の構造解析 (**SCOP ドメイン解析**[12)]，**Dali**[13)]，**MATRAS**[14)]など) も精力的に行われています．また，タンパク質全体の立体構造予測でも，**GTOP**[15)] (Genomes TO Protein structures and functions) のような立体構造データベース **PDB** などとの配列アライメントを利用した**ホモロジーモデリング**が開発され，構造予測精度が向上しています．

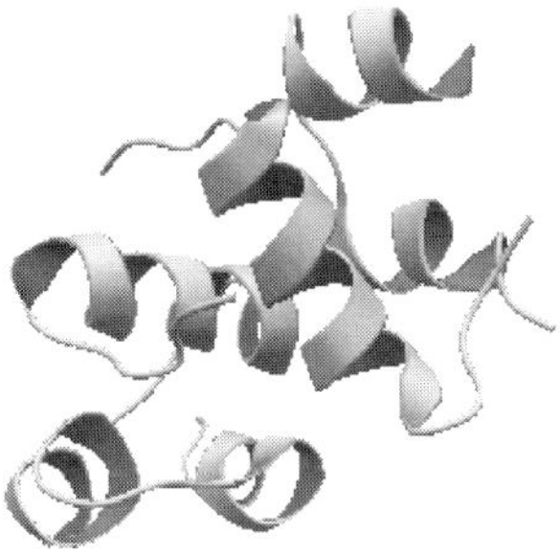

図 1.7 インシュリンの立体構造

11) http://www.mged.org/Workgroups/MIAME/miame.html
12) http://scop.mrc-lmb.cam.ac.uk/scop/
13) http://ekhidna.biocenter.helsinki.fi/dali_server/
14) http://biunit.naist.jp/matras/index-j.html
15) http://spock.genes.nig.ac.jp/~genome/gtop.html

さらに，生体物質立体構造の数値解析的予測として，分子動力学を応用したシミュレーション (**モレキュラーダイナミクス解析**) や，波動方程式を用いる**第一原理計算法**による生体分子の量子化学的計算も，コンピュータの高速化に伴って実行されるようになりました．

生体分子間相互作用

KEGG[16] (Kyoto Encyclopedia of Genes and Genomes) に代表される，生体内物質の流れや反応機構様式などをデータベース化する**パスウェイ解析**は，データベースが充実していて，BioRuby などのようなバイオインフォマティクス用ライブラリにも，これらのデータベースを利用するためのプログラムが用意されています (図 1.8).

このほかに，生体分子間相互作用を解析する**イースト・ツー・ハイブリッド法**や，リガンドに対するタンパク質などの親和性をデータベース化する動きも始まっています．

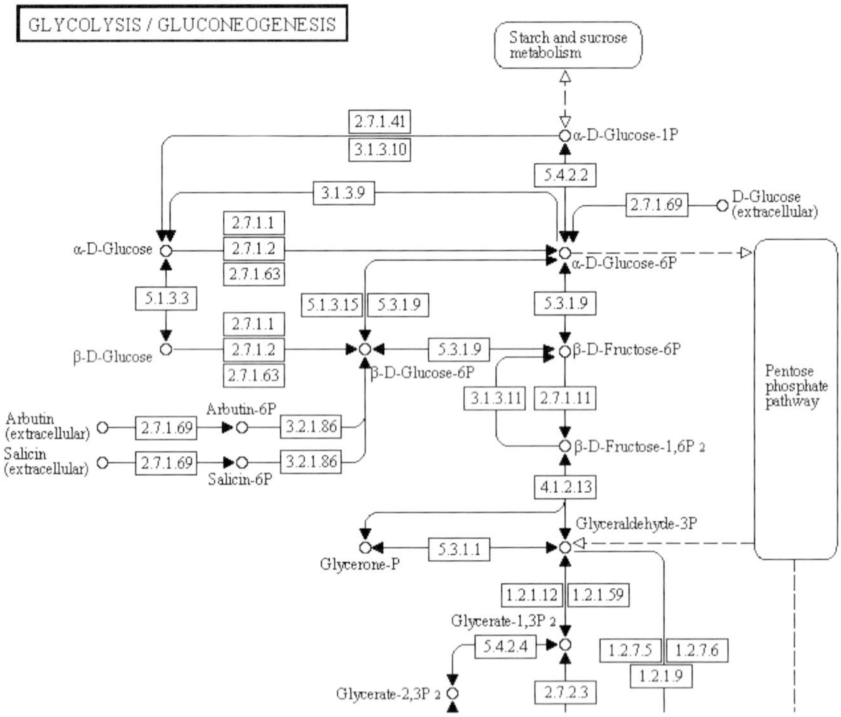

図 1.8 KEGG のパスウェイ

16) `http://www.genome.jp/kegg/`

現在のバイオインフォマティクス用データベース

ここまで解説したデータベースのほかに，**文献情報データベース (PubMed)** を利用した 2 次的**テキストマイニングデータベース (InfoPubmed)**[17] などでは，遺伝子間の相互作用などをテキストから抽出し新たな相互作用を発見することを目的としています．

ほかに，特定の疾患に関する情報をデータベース化したデータベース **OMIM**[18] や**ヒトゲノム解析総合データベース (H-invDB)**[19] のような，特定の生物種に関するすべての情報を集めたデータベースなども開発されています．これらのデータベースは当初，バイオベンチャーなどが有料で情報を提供していましたが，最近ではそのような有料データベースと同等の機能を目指した公共データベースが公開されており，最新の情報でもこれらの公共データベースから得られるようになってきています．

バイオインフォマティクス用プログラミングに関連するツールの整備

最後に，これから皆さんが学ぼうとしている，バイオインフォマティクス用プログラミングに関連するツールについて現在の状況を説明します．プログラミング言語として，**Perl**，**Python**，**Ruby**，**Java** などがよく使われていますが，それらの言語にはそれぞれ **BioPerl**，**BioPython**，**BioRuby**，**BioJava** などのバイオインフォマティクス用ライブラリが用意されているからです．

さらに，DDBJ で提供されている **WABI** (Web API for Biology)[20] のように，バイオインフォマティクス研究機関で用意された解析プログラムを，ネットワークを介して使用することにより，最新の解析環境を利用することもできるようになっています．

また，**KNOB** (Knoppix for Bio) のようなバイオインフォマティクスに特化した 1CD Linux のようなものも開発されており，バイオインフォマティクスを始める環境は次第に整ってきています．

17) `https://www-tsujii.is.s.u-tokyo.ac.jp/info-pubmed/`
18) `http://www.ncbi.nlm.nih.gov/sites/entrez?db=omim`
19) `http://hinvdb.ddbj.nig.ac.jp/ahg-db/index.jsp`
20) `http://xml.nig.ac.jp/index_jp.html`

2

Rubyによるプログラミング

2.1 なぜRubyなのか？

バイオインフォマティクスを始めるにあたって，大量の生物学的データを処理しなければならないので，当然コンピュータを使わなければなりません．

コンピュータを利用するというと，一般的にはグラフィカルな画面でマウスを使ってファイルをコピーしたり，プログラムのボタンをクリックするといった操作を思い浮かべる方がほとんどでしょう．しかし，決まりきった「コピー&ペースト」の操作を何十回も繰り返さなくてはならないときや，ある条件を満たすデータだけを，もとの大きなデータの集まりから選び出さなくてはならないとき，どうするのでしょうか？

バイオインフォマティクスについて考えたとき，生物でゲノム解析が完了している種は哺乳類から細菌まで含めると50種類近くあり，古細菌やウイルスまで含めると2,500種以上のゲノム解析が完了しているのです．さらに，ヒトのゲノムサイズは約30億塩基対もあり，その中に1〜3万の遺伝子が存在しているといわれています．このようなゲノム解析が終わった生物種同士の比較をしようとしただけでも，どれだけ大量のデータを扱わなければならないかが想像できるはずです．

先ほども記述したように，コンピュータでデータ処理をしようとしたとき，同じ操作を何度も繰り返したり，いろいろな条件で操作方法を変えなくてはならないことがよくあります．コンピュータの利点は，このような決まった操作を事前に教えておけば，自動的に人間の代わりにそれら一連の処理をしてくれることなのです．

では，どうやってコンピュータに決まった操作を教えるのでしょうか．それが，これから皆さんが勉強しようとしているプログラムなのです．コンピュータはプログラムですべて動いています．このプログラムはコンピュータに行わせたい処理を記述していくのですが，いろいろな種類のプログラミング言語が存在します．このような数多くのプログラミング言語の中で，本書ではバイオインフォマティクスを扱うために**Ruby**というプログラミング言語を利用しようとしています．

バイオインフォマティクスを扱うためにRubyを選ぶのには，いくつかの理由がありますが，一番最初にあげたいのは「初心者にとてもやさしい」ということです．Rubyは日本人の**まつもとゆきひろ**氏が開発している言語なので，Rubyに関する情報は，ほかの似たような言語(Perl，Pythonなど)と比較して日本語のものが多く，初心者には始めやすいものとなっています(図2.1)[1)]．また，**オープンソース**で開発されているので誰でも無料で使用することができます．

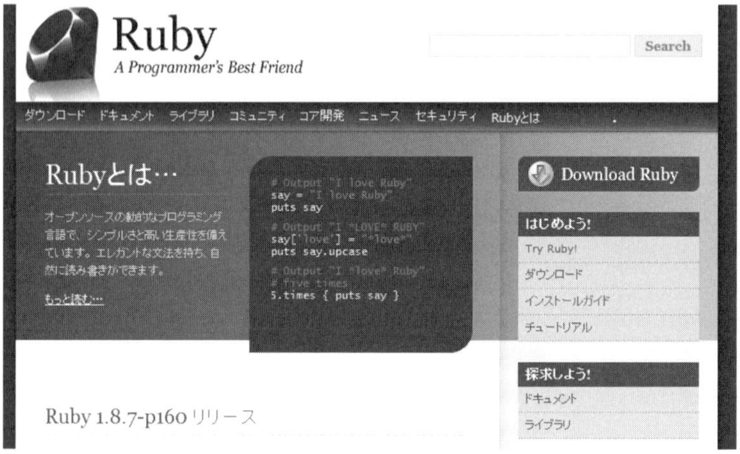

図 2.1 Rubyの公式ページ

このほかに，ちょっと変わった理由としては，Rubyは**C言語**のように伝統のある古い言語でもなく，まったく開発されたばかりの言語でもないということです．プログラミング言語も，生まれた時代背景やその時のコンピュータの能力によって，基本的な設計思想が変化します．

例えば，**構造化**というプログラマにとって記述しやすさを求めた時代から，**オブジェクト指向**といった，より高度な設計思想のもとにプログラミング言語が開発されるようになりました．また，C言語のように記述したプログラムを一度コンパイルして，コンピュータにわかる状態にしてから使用する方法が主流であった時代から，Rubyでも採用されている**インタプリタ型**という逐次翻訳型の言語が普通に使われるようになってきました．これも，コンピュータの処理速度が急激に速くなってきたことと関連があります．

つまり，生まれてから10年ぐらい経過したRubyというプログラミング言語は，現在の実用的な意味でのちょうどよい部分を兼ね備えたものなのです．加えて，バイオインフォマティクスに欠かせない，BioRubyという専用ライブラリも整備されてきています．

---

1) http://www.ruby-lang.org/ja/

2.2 BioRuby について

BioRuby とは，バイオインフォマティクスの研究を実施するために有用なプログラムを提供するライブラリです．

ほかにも，バイオインフォマティクス研究に有用なライブラリはあるのですが (BioPerl, BioJava など)，BioRuby は Ruby の開発者が日本人であるのと同様に，日本の学術組織が中心となって開発を進めています (図 2.2)[2]．

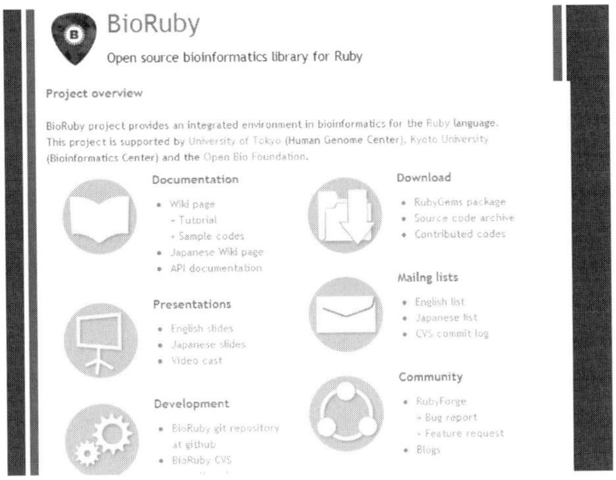

図 2.2 BioRuby の公式ページ

つまり，Ruby と同様に BioRuby は日本語での情報が得やすいということなのです．それに，**オブジェクト指向**というコンセプトを最初から取り入れている Ruby のおかげで，BioRuby はインストールなどの準備をとても簡単に実施することが可能です (実際のインストールなどは，次の準備編で詳しく紹介します)．

そして，応用編で詳しく解説しますが，BioRuby はバイオインフォマティクスの研究に不可欠な処理 (定型データファイルからの情報の切り出し，バイオインフォマティクスでよく利用されるソフトウェアの制御) など，最初からプログラムを作成しようとすると，何百行もかかるであろう作業を，たった数行で完了させることができます．

このように，うまく利用できるようになるととても便利な BioRuby なのですが，この便利さを利用してプログラムを作成している研究者やプログラマはまだ少数です．

このおもな原因は，「BioRuby の使い方がわからない」ということがあげられます．

---

2) `http://www.bioruby.org/`

いざ，BioRuby を利用してプログラムを作成しようとしたときに，「どこを調べればいいのか」，「どのように目的とする処理についての解説をみつけるか」などの基本的な使い方について，詳しく記述されている資料が少ないからです．

このような問題点を解決するために，応用編では実際的なプログラムを作成しながら，それに伴う BioRuby の調べ方から使い方までを詳しく解説します．本書で，上記のような BioRuby の調べ方・使い方についての知識を得て，便利なバイオインフォマティクス用ライブラリである BioRuby をぜひ使いこなせるようになってください．

2.3 本書の進め方

本書では，バイオインフォマティクスの処理課題を解決するプログラムを作成しながら，プログラミング言語 Ruby の使い方を勉強していきます．

準備編では，以下のプログラムの準備方法を説明します．

1. Ruby のインストール方法

2. バイオインフォマティクス用ライブラリである BioRuby のインストール方法

3. ClustalW，BLAST などのバイオインフォマティクスでよく利用されるプログラムの準備

基礎編では，入出力データの扱い方から始めて，データの様々な処理方法を解説し，バイオインフォマティクスの処理に便利なプログラムの使い方まで説明します．それぞれの項目では数十行程度の短いプログラムを作成しながら，バイオインフォマティクスで使用されるファイル形式の説明などをしていきます．最後には，各項目で作成したプログラムをつなぎ合わせて，バイオインフォマティクスのデータ処理に典型的なプログラムを実現します．

応用編では，BioRuby のライブラリを利用するための方法 (収載プログラムの調べ方，使い方) を解説し，ClustalW，BLAST などのプログラムを Ruby から利用する方法を説明し，より進んだデータ処理方法を解説します．

本文中に記載されているプログラムについては

`http://rubybioprograms.web.fc2.com/`

においてダウンロードすることができるようになります．

さあ，まずはプログラムのインストールから始めましょう．

第 II 部

準 備 編

3

KNOBの環境準備

3.1 KNOBについて

CDやDVDなど1枚でLinuxの環境を実現できる**KNOPPIX**を知っていますか？

KNOPPIXの日本語版は，独立行政法人 産業総合研究所で開発が進められています[1]．KNOPPIXにはいろいろな派生版が存在していますが，バイオインフォマティクス用に開発されたのが**KNOB**です[2]．

Rubyでバイオインフォマティクス用プログラムを作成するときの一番簡単な環境設定方法は，このKNOBがお勧めです．私たちはKNOBを開発してくれたNIKAIDO氏に感謝しなくてはなりません．こんなに便利なものを作ってくれたのですから．

KNOBのダウンロードサイト[3]から最新版(2009年5月現在KNOB 4.0.1)をダウンロードして，DVDに焼き付ければ準備は終わります．後はこのDVDをコンピュータに入れて再起動してください．CD-DVDドライブからのブートの優先順位を上げておけば自動的にKNOBが立ち上がります(インテルMacでも大丈夫です)．ほかの方法(Windows, Mac，Linux OSでの環境設定)は後の章で説明します．

3.2 KNOBの使い方

ネットワークの設定

まず，ネットワークの設定をしましょう．KNOBを立ち上げると，画面下にKNOPPIXの設定に関連するメニューのペンギンマーク(図3.1)が出てきますので，ここから「`Netwark/Internet` → ネットワークカードの設定」と進んでください．後は，「ネットワークカード」と「`IP`アドレス」について設定すると，有線LANは使用できるようになります．

---

1) `http://www.rcis.aist.go.jp/project/knoppix/`
2) `http://knob.sourceforge.jp/ja/`
3) `http://knob.sourceforge.jp/ja/index.php?Download`

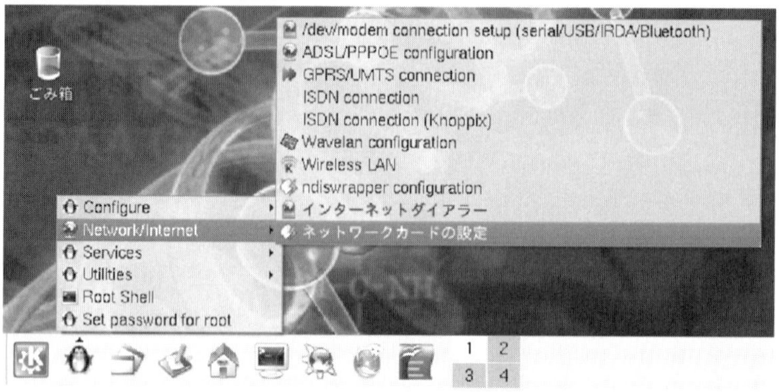

図 3.1　ネットワークカードの設定

(無線 LAN については，まだ対応が不十分なので説明はしません．KNOPPIX に関する情報をインターネットなどで調べてみてください．)

データの保存方法

KNOB は KNOPPIX をベースにしている 1CD/DVD-Linux なので，コンピュータ本体の HDD にはデータの保存はできないようになっています．このことは一見，面倒なように思えますが，反面，どのコンピュータを使ってもその設定を変更したりしないので，気兼ねなく Linux を使用することができます．旅先でも，ちょっとコンピュータを借りて，自分の Linux 環境での仕事がすぐできるので大変便利です．

> **メモ：ファイルの拡張子について**
>
> Linux ではファイルの名前は拡張子も含めて，どんな名前も使用することが可能ですが，ある程度一般的な拡張子はあらかじめ存在しています．Linux でよく使用される拡張子には，
>
> 「.txt」(テキスト),
>
> 「.rb」(Ruby プログラム),
>
> 「.dat」(データファイル)
>
> などがあります．Windows と違って，大小文字の区別も可能です．
>
> ファイルの名前は KNOB の場合，日本語にすることも可能ですが英語の方が便利です (KNOB 以外の Linux で，日本名が文字化けすることがよくあるため)．

では，実際にデータの保存はどのように行うのか説明しましょう．USB で外付けの**データ・ストレージ**をコンピュータに接続すれば，HDD やメモリカードなど大抵の装置が自動的に認識されて，そのストレージを示すアイコンがデスクトップに現れます．そのとき，図 3.2 のようなウィンドウがデスクトップに出現するので，「OK」を「左クリック」すれば自動的にデータが保存できるようになります．

図 3.2　データ・ストレージの認識

データの保存が終わってデータ・ストレージを取り外したいときは，そのストレージを示すアイコンを「右クリック」すれば，図 3.3 のようなメニューが現れるので，「マウント解除」を選択すれば，データ・ストレージを取り外せるようになります．

データ保存などの操作を行っているときに，「データが書き込めない」という意味の表示が出たときには，データ・ストレージを「書き込み可能」の状態に変更する必要がでて

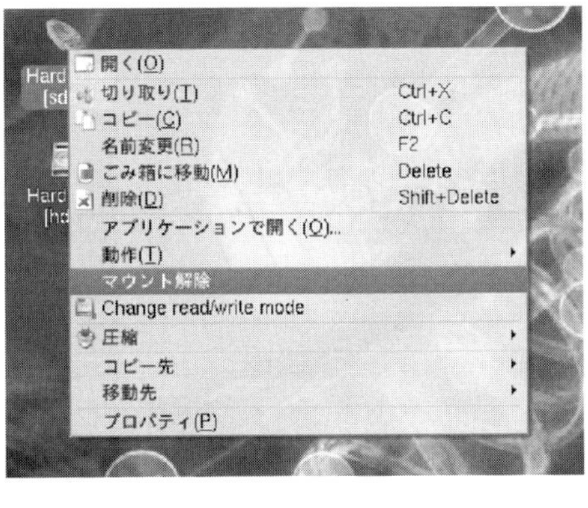

図 3.3　データ・ストレージの取り外し

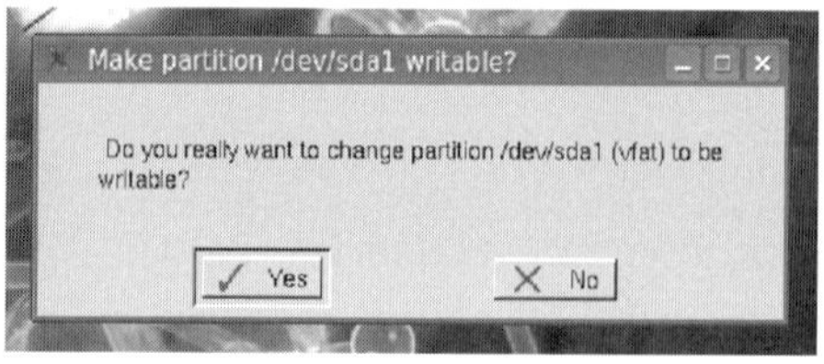

図 3.4 データ・ストレージの書き込み可能状態への変更

きます．そのためには，先ほどの「マウント解除」の図 3.3 と同じメニューで一番下の「プロパティ」を選び，図 3.4 のウィンドウで「`Yes`」を左クリックすれば，データ・ストレージが「書き込み可能」の状態に変わります．

日本語の入力方法は KNOB ではすでに設定されていて，「`Ctrl + スペース`」で日本語，英語入力の切り替えが可能です．プログラムファイルの中で日本語の「コメント」を入力することも可能ですが，この点については実際にプログラムを作成するときに詳しく説明します (基礎編，46 ページ参照)．

KNOB は KNOPPIX の派生版なので，コンピュータの設定情報をそのままでは保存しておくことはできません．そのため，KNOB を終了する前に，設定を外付けのデータ・ストレージに保存しておく必要があります．設定を保存するためには，設定保存用の外付けのデータ・ストレージが OS に認識されている状態で，ペンギンマークのメニューから「`Configure` → `KNOPPIX` の設定を保存」を選びます (図 3.5)．「保存するファイルの種類」と「保存する場所」を訪ねるウィンドウが出てくるので，それぞれ適切な設定を選んでください．

図 3.5 設定の保存

設定の保存が終了すると，保存先のデータ・ストレージには，「`knoppix.sh`」と「`configs.tbz`」という 2 つのファイルが作成されます．逆に，KNOB を立ち上げるときに保存した設定を呼び出すには，設定を保存したデータ・ストレージを取り付けてから KNOB を起動して，「`boot:` 」と表示されたら，「`knoppix myconfig=scan`」を入力してください．自動的に設定ファイルから保存してある設定を読み込んでくれます．

4

Ruby と BioRuby の環境準備

4.1 Windows 編

Ruby のインストール

Windows で Ruby を使用する方法はいくつかあるのですが，ここでは一番簡単な方法である **One-Click Installer-Windows** を利用した方法を紹介します (ほかの方法を試してみたい場合は関連するウェブページなどを参考にしてください)．なお，ここでの Windows とは，Windows XP を主たるものとしています．Windows Vista でも基本は同じですが，インストール方法などが異なる場合もあるかもしれません．

まず，Ruby の Windows 用インストーラである One-Click Installer-Windows をダウンロードします[1]．このダウンロードサイトで最新版のインストーラーである「`ruby186-27_rc2.exe`」(2009 年 5 月現在) を，自分のコンピュータのデスクトップにダウンロードします (図 4.1)．

図 4.1　One-Click Installer-Windows のダウンロードサイト

1) `http://rubyforge.org/frs/?group_id=167&release_id=28426`

次に，ダウンロードした「ruby186-27_rc2.exe」をダブルクリックするとインストール画面が現れますので，「Next」をクリックして先へ進んでください (図 4.2).

図 4.2 One-Click Installer-Windows によるインストール (1)

インストールを進めていくと，図 4.3 のような画面が現れますので，ここではすべての項目にチェックをしてください．特に，「Enable RubyGems」の項目は，BioRuby のインストールで利用しますので，チェックを忘れないでください．

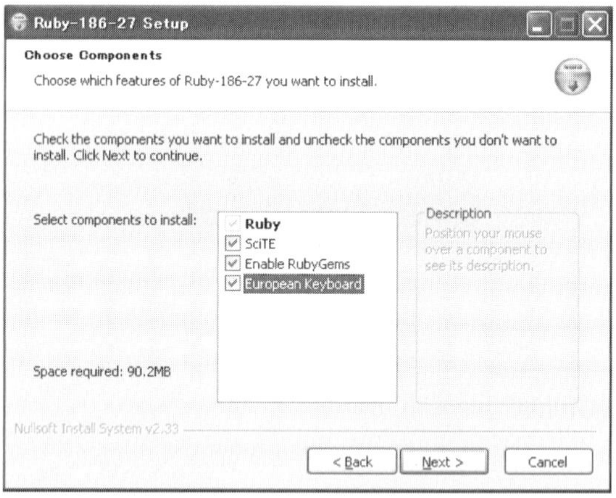

図 4.3 One-Click Installer-Windows によるインストール (2)

インストールの手続きが最後まで終わったら，**コマンドプロンプト**を使って Ruby のインストールを確認しましょう (メモ：コマンドライン入力ついて，25 ページ参照).

「スタート → すべてのプログラム → アクセサリ → コマンドプロンプト」からコマンドプロンプトを起動させます.

この画面上で

```
ruby -v
```

と入力してみてください．「Ruby のバージョン情報」などが表示されれば大丈夫です．

もし，バージョン情報などが表示されず

```
'ruby' は，内部コマンドまたは外部コマンド，
操作可能なプログラムまたはバッチファイルとして認識されていません．
```

というような表示が現れたときには，Ruby のインストールがうまくいっていないので，「スタート → コントロールパネル → プログラムの追加と削除」から「Ruby-186-27」のように，インストールした Ruby に該当するプログラムを選んで削除したうえで，もう一度インストールしなおしてみてください．

BioRuby のインストール

BioRuby のインストールを行います．Ruby のインストール時に **RubyGems** を使用できるようにしておいたので，とても簡単に BioRuby のインストールができます．

コマンドプロンプトを起動させて

```
gem install bio
```

と入力すれば，自動的に BioRuby のインストールを実行してくれます．

> ✐ **メモ：コマンドライン入力について**
>
> **コマンドライン入力**とは，Windows などで普段使用している **GUI** (**グラフィック・ユーザ・インタフェース**) のようなマウスで操作する方法ではなくて，入力画面にキーボードから命令 (コマンド) を入力してコンピュータを操作する方法です．Ruby のプログラムを作成して実行するには必要なのですが，本書では最低限必要なコマンドだけ紹介しますので，詳しく知りたい場合は該当するアプリケーションのヘルプ機能などを利用して調べてください．
>
> Windows では「コマンドプロンプト」が，Mac と Linux では「ターミナル」が，コマンドライン入力用のアプリケーションとして用意されています．

BioRuby のインストールを確かめるためには，コマンドプロンプトで

```
bioruby
```

と入力してください．

```
. . . BioRuby in the shell . . .
  Version : BioRuby x.x.x / Ruby x.x.x

bioruby>
```

このように，BioRuby のバージョン情報が出力され，**BioRuby シェル**が起動していることを示す，「bioruby>」が表示されれば，インストールは成功しています．

BioRuby シェルは，バイオインフォマティクス用ライブラリである BioRuby のメソッドを，コマンドプロンプト上で使用できるようにした，インタラクションモードです．

起動させた BioRuby シェルを終了するには

```
exit
```

と入力します．

メモ：RubyGems について

RubyGems は Ruby のライブラリの管理を自動化してくれるもので，ライブラリのインストールのほかに，アップデートなども行ってくれます．BioRuby のアップデートを行いたいときには，「gem install bio」と入力してみてください．

RubyGems について詳しいことは，RubyGems のウェブページなどで確認してください[2)]．

2) http://www.ruby-lang.org/ja/man/html/RubyGems.html

4.2 Mac 編

Ruby のインストール

Mac の OS X 以降のバージョンならば，Ruby は最初からインストールされています (ここでは OS 10.4 を想定しています).「ターミナル」というコマンドライン入力用のアプリケーションが「/アプリケーション/ユーティリティ」の中にありますので，エイリアス (ショートカット) を作成するか，「Dock」に登録しておいてください．このアプリケーションの起動が簡単になります (図 4.4).

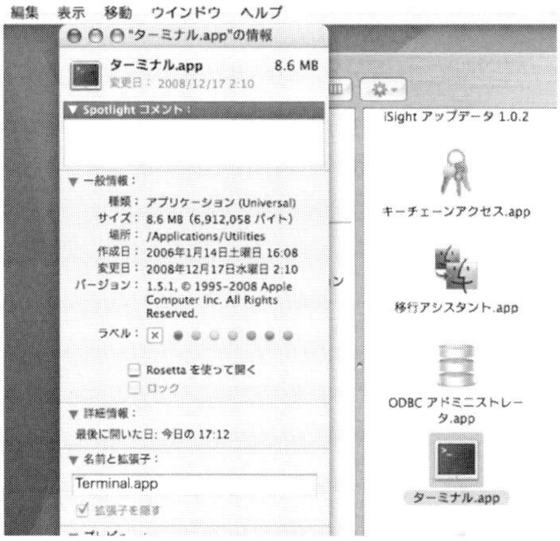

図 4.4 コマンドライン入力用アプリケーション「ターミナル」

ターミナルを起動させてから

```
ruby -v
```

と入力してみてください．「Ruby のバージョン情報」などが表示されれば，Ruby は使用できる状態です．

BioRuby のインストール

Mac での BioRuby のインストールには，ダウンロードサイト[3]から，BioRuby の最新版をダウンロードします (図 4.5).

---

3) `http://bioruby.org/archive/`

図 4.5 BioRuby のダウンロードサイト

最新版である「`bioruby-1.3.0.tar.gz`」(2009 年 5 月現在) をデスクトップにダウンロードして，自分のホーム (ログインネームなどがついています) にコピーしてください．

この状態でターミナルを起動させ

```
ls
```

と入力してください．「`ls`」は Unix 系のターミナルで，ファイルやフォルダの一覧を表示させるコマンドです (メモ：Unix 系シェルコマンドについて，28 ページ参照)．

先ほどコピーした「`bioruby-1.3.0.tar.gz`」の名前がほかのファイルとともに表示されたら

```
tar zxvf bioruby-1.3.0.tar.gz
```

メモ：Unix 系シェルコマンドについて

「`ls`」や「`tar`」などのコマンドは，Unix 系のコマンドライン入力用に用意されているコマンドの一部です．Unix 系の OS では，コマンドライン入力を行うことが頻繁にあるので，これらのコマンドについて基本的なことを覚えておくと便利です．各コマンドについて詳しく知りたいときには，「`man ls`」のように入力すると，そのコマンドに関する情報が表示されます (この場合は「`ls`」に関する情報)．

と入力してください.「tar」は「.tar.gz」という拡張子で，圧縮されたファイルを解凍するコマンドです.「bioruby-1.3.0.tar.gz」から解凍されたフォルダやファイルの一覧が表示されます.

ここで，もう一度「ls」でホームの一覧を表示させたとき,「bioruby-1.3.0」というフォルダの名前が表示されれば，解凍は成功です．続けて

```
cd bioruby-1.3.0
```

と入力すると,「bioruby-1.3.0」というフォルダへ移動できます．ここで，次のコマンドを 1 つずつ入力してください.

```
ruby install.rb config
ruby install.rb setup
sudo ruby install.rb install
```

最後の「sudo」をつけたコマンドでは，ログイン・パスワードを聞かれますので，入力してください.

インストールを確かめるために

```
bioruby
```

と入力してバージョン情報が表示されれば，インストールは成功しています.

4.3 Linux 編

Ruby のインストール

Linux OS の一種である Ubuntu 8 を想定して，インストールの方法を説明します.

ターミナルを起動させて

```
ruby -v
```

と入力してみてください.「Ruby のバージョン情報」などが表示されれば，Ruby がインストールされていますが，インストールされていない場合は

```
sudo apt-get install ruby
```

と入力してください (メモ：「apt-get」について，30 ページ参照).

BioRuby のインストール

RubyGems をインストールします (メモ：RubyGems について，26 ページ参照).

```
sudo apt-get install rubygems1.8
```

と入力した後に

```
gem -v
```

で「RubyGems のバージョン情報」などが表示されれば，インストールは完了です.

最後に

```
sudo gem install bio
```

と入力して，BioRuby のインストールは完了です.

✐ メモ：「apt-get」について

「apt-get」は Unix 系の OS で，プログラムを自動的にインストールしてくれるコマンドです．次の 3 つのコマンドを覚えておくと便利です.

1. 「apt-get update」最新の利用できるプログラムのリストを入手
2. 「apt-cache search キーワード」キーワードを含むプログラムの検索
3. 「apt-get install プログラム名」指定したプログラムをダウンロードし，インストールする

「apt-get -h」でヘルプを表示できるので確認してみてください.

5

BLASTとClustalWの環境準備

5.1 Windows編

BLASTのインストール

相同性検索用プログラムである**BLAST**のWindowsでのインストールを説明します．Rubyのようにワンクリックでインストールができる方法はないので，BLASTプログラムをダウンロードしてインストールしてから，**パス**を設定する必要があります．

まず，「ローカルディスク(C:)の`Program Files`」の中に，「`blast`」というフォルダを作成します(BLASTのプログラムを置く場所です)．

次に，**NCBI** (National Center for Biotechnology Information)のウェブページからBLASTをダウンロードします[1)]．このページから「`platform: win32-ia32`」の「`blast`」をダウンロードします(図5.1)．

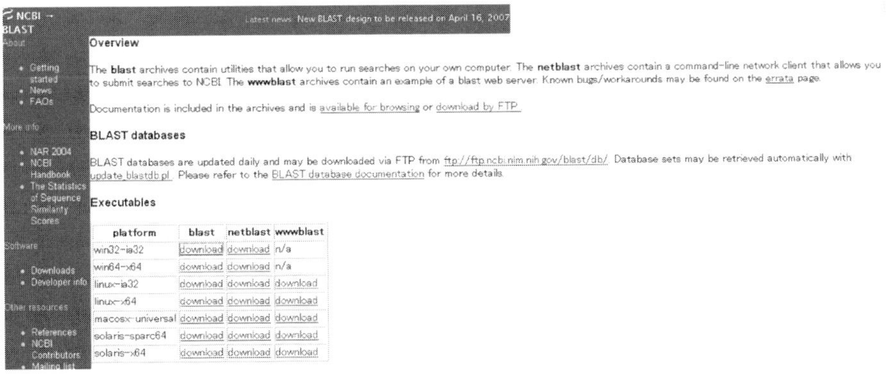

図5.1　BLASTのダウンロードサイト

ダウンロードしたBLASTインストール用ファイル「`blast-2.2.20-ia32-win32.exe`」(2009年5月現在)を，先ほど作成した「`blast`」フォルダにコピーします．その場所で

1) `http://www.ncbi.nlm.nih.gov/BLAST/download.shtml`

ダブルクリックすると，「bin」「data」「doc」の 3 つのフォルダが作成されます．「bin」フォルダを開くと BLAST の実行プログラムを見ることができます (図 5.2).

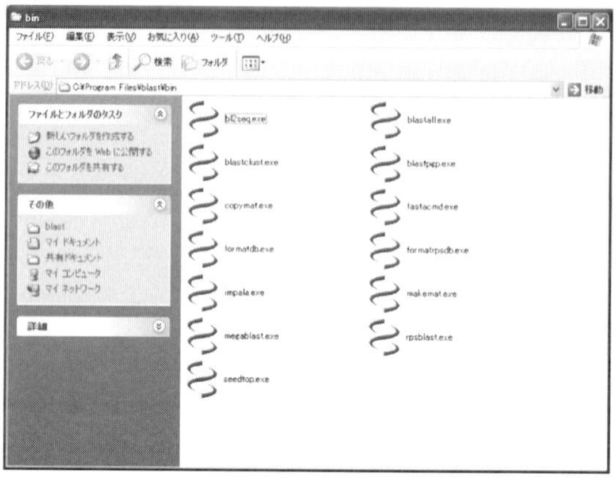

図 5.2 blast フォルダ

最後に，パスを通します．「スタート → マイコンピュータ (右クリック) → プロパティ」から，「システムのプロパティ」の「詳細設定タブ」を表示させてください (図 5.3).

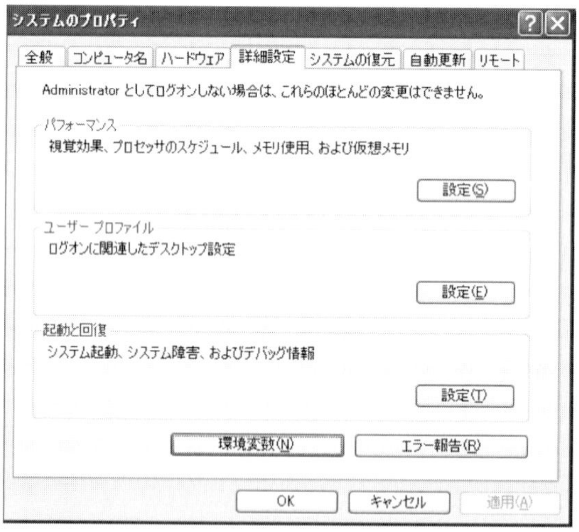

図 5.3 詳細設定タブ

「詳細設定タブ」の「環境変数」をクリックし，環境変数ウィンドウを表示させます (図 5.4). このウィンドウの「システム環境変数」の中にある「Path」という項目を選択し，「編集」ボタンをクリックします．

「システム変数の編集」ウィンドウが現れますので，その「変数値」の最後に，先ほど

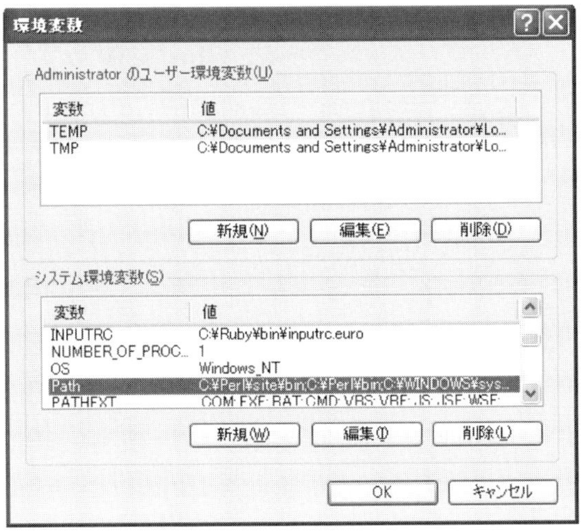

図 5.4 環境変数ウィンドウ

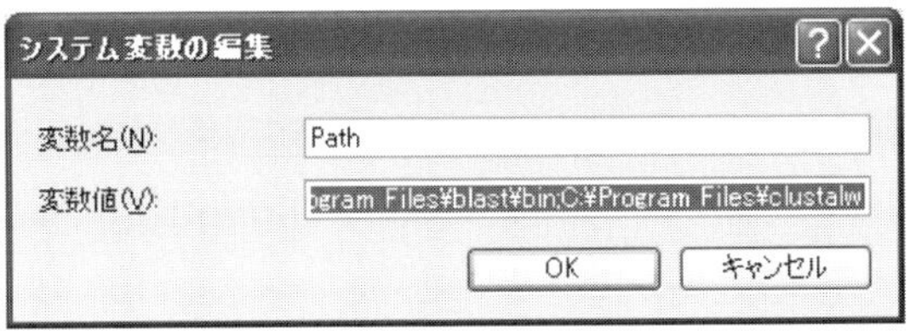

図 5.5 システム変数の編集

BLAST を置いたフォルダまでのパス「`;C:\Program Files\blast\bin`」を付け加えます (図 5.5).

最後に,「`OK`」をクリックして，環境変数ウィンドウなどを閉じてください．BLAST プログラムのインストールを確認するために

```
blastall
```

とコマンドプロンプトを起動して，入力してください．BLAST に関する情報が表示されれば，インストールは成功しています．

> **メモ：パスについて**
>
> パスとはプログラムが置いてある場所です．この場所を設定しておくことによって，コマンドプロンプトなどからプログラムを呼び出したときに，自動的にプログラムを探し出して起動してくれます．

ClustalW のインストール

最初に，配列アライメントプログラムである，**ClustalW** のプログラムを置く場所として，「ローカルディスク (C:) の `Program Files`」の中に，「`clustalw`」というフォルダを作成します．次に，ClustalW の最新版「`clustalw1.83.XP.zip`」(2009 年 5 月現在) を，ダウンロードサイト[2]からダウンロードします．

このファイルを展開すると「`clustalw.exe`」というプログラムができますので，先ほどの「`clustalw`」というフォルダにコピーしてください．最後に，BLAST のインストールと同様に，ClustalW を置いたフォルダまでのパス「`;C:\Program Files\clustalw`」を設定します (BLAST のインストール，31 ページ参照)．

ClustalW のインストールが終了したら，コマンドプロンプトを起動して

```
clustalw
```

と入力してください．「`ClustalW` のメニュー」が表示されたら，インストールは成功です (図 5.6)．

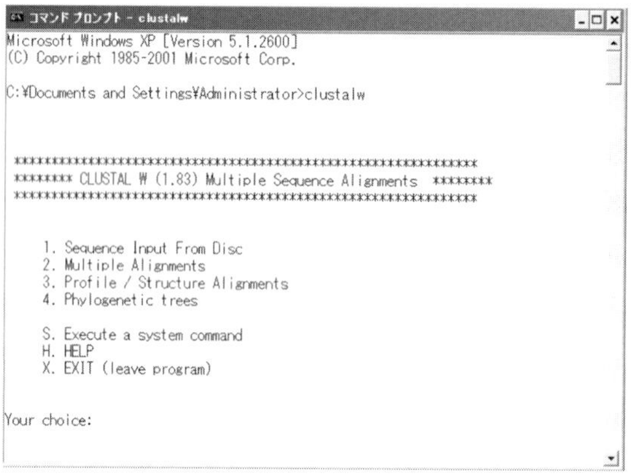

図 5.6 ClustalW のメニュー画面

このメニュー画面を終了するには

```
X
```

と入力します．

2) `http://210.86.230.110/bioinfo/Software/`

5.2 Mac 編

BLAST のインストール

Mac での BLAST のインストールには NCBI のダウンロードサイトから，BLAST の最新版「blast-2.2.20-universal-macosx.tar.gz」(2009 年 5 月現在) をダウンロードします[3)].

次に，このファイルを自分のホームにコピーしてください．ここで，ターミナルを起動させ

```
tar zxvf blast-2.2.20-universal-macosx.tar.gz
```

と入力してください．「blast-2.2.20-universal-macosx.tar.gz」から解凍されたフォルダやファイルの一覧が表示されます．

ここで，もう一度「ls」でホームの一覧を表示させたとき，「blast-2.2.20」というフォルダの名前が表示されれば，解凍は成功です．続けて

```
cd blast-2.2.20/bin
```

と入力すると，「blast-2.2.20/bin」というフォルダへ移動します．ここでまた，「ls」を入力したときに，BLAST プログラムを実行するためのファイルの一覧が表示されます．

この「blast-2.2.20/bin」というフォルダに移動した状態で

```
./blastall
```

と入力してみてください．BLAST の情報が表示されるはずです．

しかし

```
cd ~/
blastall
```

と入力して，ホームに移動した後では，「blastall というプログラムが見つからない」というメッセージが表示されます．これは，先ほどの「blast-2.2.20/bin」というフォルダにパスが通っていないのが原因なので，次のような方法でパスを通します．

まず，ホームに移動した状態で，以下のように入力します．

3) http://www.ncbi.nlm.nih.gov/BLAST/download.shtml

```
ls -la
```

「-la」は隠しファイルまで表示するオプションです．ここで，「.cshrc」という設定ファイルが一覧表示されるので

```
vi .cshrc
```

と入力してみてください．「vi」はコマンドラインの入力画面でファイルを編集するためのプログラムです (メモ：「vi」について，36 ページ参照).

このファイルの最後に

```
set path=($path</Users/name/blast2.2.20/bin>)
# blast2.2.20 の数字は実際のフォルダの名前と合わせる
```

と入力してください (「name」は自分のホームの名前).

再度，ターミナルを起動して

```
blastall
```

と入力しただけで，このプログラムが起動されます．

メモ：「vi」について

「vi」は，コマンドライン入力画面上でファイルの内容を書き換えたり，ファイルを作成するために用意されているプログラムです．ファイルを呼び出して書き換える流れは，以下のようになります．

1. 「vi ファイル名」でファイルを開く
2. 「i」でインサートモードに移り，入力する
3. 「ESC キー」でインサートモードから出る
4. 「:wq」でファイルを保存して終了する

「vi」の使い方は慣れが必要ですが，使えるようになると便利なので，「man vi」と入力して詳しい説明を読んでみてください．

ClustalW のインストール

ClustalW の最新版「clustalw1.82.mac-osx.tar.gz」(2009 年 5 月現在) をダウンロードサイトからダウンロードします[4]．ダウンロードしたファイルをダブルクリックすると，「clustalw1.82.mac-osx」というフォルダが作成されるので，自分のホームへコピーしてください．

次に，「.cshrc」の設定ファイルに「vi」を使って

```
set path=($path</Users/name/blast2.2.20/bin>
                    </Users/name/clustalw1.82.mac-osx>)
# 実際は 1 行で入力する
# clustalw1.82 の数字は実際のフォルダの名前と合わせる
```

のように，先ほどの BLAST のパスの行に付け加えてください．

再度，ターミナルを起動しなおして

```
clustalw
```

と入力すると，ClustalW のメニューが表示されます．

5.3 Linux 編

BLAST と ClustalW のインストール

ここでも，Linux OS の一種である Ubuntu 8 について，インストールの方法を説明します．Ruby のインストールで紹介した「apt-get」を使用して，BLAST と ClustalW をインストールします (メモ：「apt-get」について，30 ページ参照).

BLAST のインストールは次のように入力することで，自動的に実行されます．

```
sudo apt-get install blast2
```

ClustalW のインストールも同様に

```
sudo apt-get install clustalw
```

と入力して実行します．

BLAST と ClustalW のインストールを確かめるには，ターミナルを起動させて，Windows で入力したのと同じコマンドを利用してください (33～34 ページ参照).

---

4) ftp://ftp.ebi.ac.uk/pub/software/unix/clustalw/，Mac の OS X では FTP サイトからでもファイルのダウンロードが可能です．

第 III 部

基 礎 編

6

入出力方法とバイオインフォマティクス用ファイル形式

6.1 基礎編の目的

ここまでで，バイオインフォマティクス用のプログラミングを Ruby で始める準備はできたでしょうか？　これからは，いよいよ Ruby を使ったバイオインフォマティクス用プログラミングを解説していきます．

この基礎編では，Ruby でプログラムを作成する際に必要な記述方法 (文法) を紹介します．それぞれの項目において，解説した文法を利用したバイオインフォマティクス用プログラムを作成します．同時に，バイオインフォマティクスで使用される用語や，ファイル形式 (記述の仕方) などの説明も行っていきます．

そして，最後にはそれぞれの項目で作成したプログラムを組み合わせて，バイオインフォマティクス用のプログラミングでよく使われる，データ処理を組み込んだ次のようなプログラムを作成することを目的とします．

基礎編で目標とするプログラムのアウトライン

1. cDNA 配列情報を記したファイルから情報を読み取る．
2. 読み取った cDNA 配列情報から 制限酵素で切断される一覧表，制限酵素地図を作成する．
3. 読み取った cDNA をタンパク質のアミノ酸配列情報に翻訳する．
4. 処理したデータをファイルに書き込む．

このようなプログラムを作成しながら，バイオインフォマティクスについての知識も覚えていきましょう．

6.2 直接入出力と変数

(1) 直接出力

Ruby プログラムの実行の仕方

コンピュータを使ったことがある人には同意してもらえるかもしれませんが，コンピュータにおけるデータ処理の流れは，「データ入力→データ処理→結果出力」の大きく 3 つの過程からなっていると考えられます．そこで，Ruby のプログラミングに関する解説で最初に「データの入出力」を取り上げましょう．その前に，Ruby プログラミングの基本であるプログラムファイルの作成と実行方法について説明します．

Ruby でプログラムを実行する方法は 2 通りありますが，まず，対話形式で実行する方法を説明します．

Windows を使用している方は「コマンドプロンプト」を起動して (Mac，Linux を使用している方は「ターミナル」を起動して)

```
irb
```

と入力してみてください．

```
Irb(main):001:0>
```

このような文字列が表示されます (これは Ruby の対話モードです)．「3 - 1」などの計算をキーボードから入力してみてください．

```
Irb(main):001:0> 3 - 1
=>2
```

のように計算結果を返してくれます．

対話モードを終了するときは

```
Irb(main):002:0> exit
```

と入力すれば終了します．

次に，ファイルにプログラムを書き込んで，そのファイルを実行する方法を説明します．こちらの方がプログラムを作成・実行させる際には一般的なので，今後はこの方法で Ruby プログラムを実行します．

まず，コンピュータの任意のフォルダに「sample-puts-1.rb」というファイルを作成してください (このとき「Ruby-Sample」などのフォルダを作成して，その中へファイルを作成しておくと後でわかりやすいでしょう)．Ruby のプログラムを記入して，ファイルには拡張子として「.rb」をつけます．このファイルをテキストエディタで開いて

```
### File-name: sample-puts-1.rb ###

puts "> Short peptide"
puts "ENFSGGCVAG"
```

と記入して保存してください．命令文は 1 行 1 命令で入力します．「;」で区切って複数の命令を 1 行に書く方法もあるのですが，一般的には 1 行 1 命令です．「#」はコメントを意味します (46 ページ参照)．

「コマンドプロンプト」(または「ターミナル」) を起動して，先ほど作成したファイルがあるフォルダまで移動します．例えば，Windows でデスクトップに「Ruby-Sample」というフォルダを作成し，その中に先ほどのファイルを保存した場合

```
cd C:\Documents and Settings\name\Desktop\Ruby-Samples
```
(name の部分はログインネーム)

と入力すれば，目的のフォルダへ移動できます．ここで，「cd」はコマンドプロンプトで場所を移動するときに使用する命令文です (Mac，Linux でも命令文は同じ「cd」です)．さらに

```
dir
```

というコマンドを入力すれば (Mac，Linux では「ls」など) ファイルの一覧を表示してくれます．ここで

```
ruby sample-puts-1.rb
```

と入力してください．

```
> Short peptide
ENFSGGCVAG
```

と表示されるはずです．

出力用メソッドの種類「p，puts，print，printf」

「puts」は改行を最後に付加して出力する**メソッド**です．Ruby では，コンピュータに処理を問い合わせる命令をメソッドとよんでいます (メモ：メソッドについて，46 ページ参照)．Ruby では「puts」のほかに，「p，print，printf」などの出力用メソッドが用意されていますが，ここでは「p，puts，print」の 3 つについて説明します (「printf」については，81 ページ参照)．

「p，puts，print」による出力

「puts」は，正式には「puts( )」で表し，「( )」の中に出力したい文字列オブジェクトなどを記入します．この「( )」は省略することが可能です．**オブジェクト**という聞き慣れない言葉が出てきましたが，プログラミングを覚え始めたときにはあまり気にしないでください (オブジェクトについては，132 ページ参照)．いまは，文字列の性質をもったものだと理解してもらえば十分です．

それでは，「puts，p，print」の 3 つのメソッドを使った出力についてみてみましょう．まず，以下のようなファイルを作成して

```
### File-name: sample-puts-2.rb ###

puts "ENFSGGCVAG"
puts "100"
puts 100
p "ENFSGGCVAG"
p "100"
p 100
print ("ENFSGGCVAG")
print ("100")
print (100)
```

これを保存して，実行すると

```
ENFSGGCVAG
100
100
"ENFSGGCVAG"
"100"
100
ENFSGGCVAG100100
```

と表示されるはずです．

ファイルに記述したメソッドと，出力結果を比べると，それぞれのメソッドによって，出力結果が少しずつ違うことに気づくでしょう．まず，「puts」では「puts "100"」と「puts 100」の間で出力に差はありません．一方，「p」では「p "100"」と「p 100」の間で出力に差があります (「"100"」と「100」)．これはどういうことかというと，「p」というメソッドは，**オブジェクトの種類も区別して出力する**ようになっているメソッドだからです．ここでは，「" "」にはさまれた「puts "100"」は文字列を表し，「puts 100」は数値を表しているという区別だけしてください (7 章参照)．

「p」というメソッドは，作成したプログラムをプログラマ自身が後から見直したり，間違っているところを発見 (デバッグ) したりするときに，とても役に立つメソッドです．皆さんが，何百行もある長いプログラムを作成したときに，「p」を用いて処理している内容を確認することができます．この点については，「プログラムの動作確認」として本書で作成するプログラム中で何度か登場しますので，その時点でまた使い方を紹介します．

最後の「print」については，出力の部分を見るとわかるように，「puts」とは違って出力の最後に自動的に改行を加えることはしません．この説明だけでは，「print」は少し不便なメソッドだと思われてしまうかもしれませんが，そうではないのです．

「print」は，その後に続く「( )」の中に，出力を制御する記述ができるようになっているからこそ，プログラマの好みに合わせた出力が可能となるのです．

例えば，以下のようなファイルを作成してみてください．

```
### File-name: sample-print-1.rb ###

print("ENFSGGCVAG", "\n")
print("100", "\n", "\n")
print(100)
```

出力結果は，先ほどと違って

```
ENFSGGCVAG
100

100
```

のように，2 行目と最後の出力の間に 1 行空白があるはずです．「"\n"」は**改行**を表す記号です (エディタの設定などによって「"¥n"」と表示される場合もあります)．「print( )」の場合「( )」の中で，文字列や数値の後に「,」(カンマ) をつけて，後ろに出力したいオブジェクトを繋げていけばよいのです．

例えば，「sample-print-1.rb」と同じ出力結果を得るために

```
### File-name: sample-print-2.rb ###

print("ENFSGGCVAG", "\n" "100", "\n", "\n", 100, "\n")
                    #=> ENFSGGCVAG
                    #=> 100
                    #=> 空白行
                    #=> 100
   #   はコメントを記すための記号です
   #=> はこの行のメソッド実行した際に出力される結果です
```

と 1 行で書くことも可能です．改行の記号である「"\n"」のほかに，「"\t"」(タブ) や「"\s"」(スペース) などの記号が用意されているので，好みの出力となるように組み合わせて使用してください．

メモ：メソッドについて

メソッドは Ruby のプログラムを作成するときに使用する命令です．出力用コマンド「puts」のようなメソッドを実際にコンピュータに実行させるには，出力データの取得，出力画面の制御など，いろいろな手続きが必要ですが，それらの一連の手続きを 1 つにまとめたものです．

一般的な使用方法は，オブジェクトの後に「.」(ドット) を使って連結します (自分でメソッドを定義する方法は，8.2 節参照)．

メモ：コメントの使い方

プログラムファイル「sample-print-2.rb」において，「#」という記号が使われています．このプログラムを実行したときに，Ruby では「#」から後の部分は実行されないので，この記号は**コメント**を入力するために利用できます．

「#」によるコメントは，プログラムを作成する際に積極的に使ってください．なぜならば，できるだけプログラムの内容や各行の意味などをメモしておくと，後でプログラムを見直すときにとても役に立つからです．

例えば，データ処理の途中経過の表示を「p」で表示させた後，再度デバッグ用として使うかもしれない場合に

「# p　　# デバッグ用」

とコメントをつけておいたりします．

(2)　直接入力と変数

入力用メソッド「gets」について

ディスプレイから文字列や数値などを入力するメソッドとして，「gets」を使用することができます．これは，キーボードからデータを直接入力する方法です．

以下のようなファイルを作成し，Ruby で実行してみてください．

```
### File-name: sample-gets-1.rb ###

print("文字を入力してリターンを押してください", "\n")

print(gets)    # gets の内容を print( ) で出力しています
```

このプログラムでは，「gets」でキーボードから入力したデータを取り込み，「print」で出力します．「sample-gets-1.rb」を実行すると

```
文字を入力してリターンを押してください
```

と出力されます．ここで，「abcd1234」と入力すると

```
文字を入力してリターンを押してください
abcd1234
abcd1234
```

のように入力した文字列と同じ文字列が出力されます．

上記のプログラムを**変数**を使って，少し変えてみましょう．

```
### File-name: sample-gets-2.rb ###

print("文字を入力してリターンを押してください", "\n")

nyuryoku = gets    # nyuryoku: gets の内容を受け取る変数

print("入力したのは", nyuryoku, "ですね", "\n")
```

出力は以下のようになるはずです．

```
文字を入力してリターンを押してください
abcd1234
入力したのは abcd1234
ですね
```

変数はデータの入れ物のようなもので，「=」で結ぶことによりデータを受け渡すことができます．出力で，「入力したのは abcd1234(改行) ですね」と間に改行が入ってしまい，

見栄えがよくありません．これは，キーボードからの入力の際に，リターン (改行) が最後についてしまうからです．

この最後の改行をデータから削除してくれる便利なメソッドがあります．以下のプログラムを実行してみてください．

```
### File-name: sample-gets-3.rb ###

print("文字を入力してリターンを押してください", "\n")

nyuryoku = gets.chomp    # chomp はデータの最後にある改行を削除する

print("入力したのは", "\s", nyuryoku, "\s", "ですね", "\n")
        # "\s" は半角スペース
```

今度は

```
文字を入力してリターンを押してください
abcd1234
入力したのは abcd1234 ですね
```

となるはずです．

このプログラム「sample-gets-3.rb」では，「.chomp」を「gets」の後ろにつけています．「.chomp」はデータの一番最後に改行がある場合に，それを削除してくれます (68 ページ参照)．

また，メソッドは「gets.chomp」のように，「.」(ドット) を使って繋げることが可能です (メモ：メソッドを繋げる「.」(ドット)，61 ページ参照)．

メモ：変数名の付け方

変数名は，普通の変数として使うとき，アルファベットの小文字から始めてください．使用できる文字は英数字と「_」(アンダーバー) ですが，アルファベットは小文字と大文字が区別されます．変数名は，なるべく**何のための変数**かわかるように，名前をつけておくと後で便利です．

普通の変数のほかに，アルファベットの大文字や，「@」(アットマーク) などから始める変数もあります．それらには違う使い方がありますので，後ほど説明します (変数の範囲，62 ページ参照)．

6.3 ファイルを使った入出力とファイル形式

(1) ファイルからの入力

ファイルからデータを入力するのは，バイオインフォマティクスのプログラミングではよく使われるので重要なところです．ファイルの内容を読み込む簡単な方法は，「File クラス」を使う方法があります．

「File.read」を使ったファイルからの入力

実際に，ファイルから入力するプログラムを実行しながら解説します．まず，読み込むファイルですが，以下のようなファイルを用意して「sample-seq-1.fasta」と名前をつけて保存してください．

このファイルのデータ形式は **FASTA**（ファスタ）形式といいますが．この形式も含めて，バイオインフォマティクスに特有なファイル形式を後ほど説明します (55 ページ参照).

sample-seq-1.fasta

```
>sp|P78426|NKX61_HUMAN Homeobox protein Nkx-6.1
MLAVGAMEGTRQSAFLLSSPPLAALHSMAEMKTPLYPAAYPPLPAGPPSSSSSSSSSSSP
SPPLGTHNPGGLKPPATGGLSSLGSPPQQLSAATPHGINNILSRPSMPVASGAALPSASP
SGSSSSSSSSASASSASAAAAAAAAAAAAASSPAGLLAGLPRFSSLSPPPPPPGLYFSPS
AAAVAAVGRYPKPLAELPGRTPIFWPGVMQSPPWRDARLACTPHQGSILLDKDGKRKHTR
PTFSGQQIFALEKTFEQTKYLAGPERARLAYSLGMTESQVKVWFQNRRTKWRKKHAAEMA
TAKKKQDSETERLKGASENEEEDDDYNKPLDPNSDDEKITQLLKKHKSSSGGGGGLLLHA
SEPESSS
```

次に，ファイルを入力するプログラム「sample-file-in-1.rb」を作成します．

```
### File-name: sample-file-in-1.rb ###

text = File.read('sample-seq-1.fasta')

print(text)
```

このプログラムを先ほどのデータファイルと同じ場所に置いて，実行してみると入力データと同じ内容が画面上に出力されるはずです．

このプログラムで，「File.read(' ')」の「' '」(シングルクォート) の中にファイルの名前を記入すると，ファイルの内容を一度に読み込むことができます．ここで，使用する「’ ’」と「`print`」のところで使用した「" "」(ダブルクォート) では，使い方が少し異なるので注意してください (メモ：クォーテーションマーク，50 ページ参照).

バイオインフォマティクスでファイルを読み込むとき，容量の大きなファイルを読み込まなくてはならないことがよくあります．先ほどの「`File.read(’ ’)`」ですと，ファイルの内容を一度に読み込むことになり，メモリをたくさん使用します．このことを回避するために，1 行ずつ入力していく方法があります．

メモ：クラスについて

クラスはオブジェクトを発生させるための「決まり事」を記述したものです．そのため，オブジェクトはクラスで記されているメソッド (「`print`」など) を適用することができます (11 章参照).

メモ：クォーテーションマーク

「`print(’ABD\sEFG’)`」 ···(1)

「`print("ABD\sEFG")`」 ···(2)

を Ruby で実行して，その結果を比べてみてください．(1) は「`D` と `E`」の間にスペースが入りましたが，(2) は「`\s`」がそのまま表示されたはずです．

このように，「" "」はその中に入る文字列を特殊文字として展開するので，「`File.read(" ")`」で「" "」の間に特殊文字を記入しておくと，文字列の出力に自由度が増します．この違いを利用して，「" "」と「’ ’」を使い分けることができるようになりましょう．

メモ：メモリについて

メモリはコンピュータでデータを処理するために保持しているもので，プログラムの中で変数などを作成すると，それに対応した領域がメモリの中に確保されます．つまり，プログラムを作成するということは，メモリへのデータの保存と CPU でのデータ処理方法を記述する作業であるといえます．

「File.open」を使ったファイルからの入力

「File.open(’ ’)」の「’ ’」の中にファイル名 (必要なときはファイルの場所も含めて) を記述すると，そのファイルを開いて，1 行ずつ読み込んでくれます．ファイル「sample-seq-1.fasta」と同じ場所に，次のプログラム「sample-file-in-2.rb」を作成して実行してみてください．

```
### File-name: sample-file-in-2.rb ###

File.open('sample-seq-1.fasta'){|file_name|

5   file_name.each{|line_data|

      line = line_data

      print(line)
10
    }

}
```

このプログラムを実行すると，「sample-seq-1.fasta」(49 ページ参照) のデータが 1 行ずつ読み込まれて出力されますが，「sample-file-in-1.rb」(49 ページ参照) と同じ結果が出力されます．

このままだと先ほどの「sample-file-in-1.rb」との違いがわからないので，次のような工夫をしてみましょう．1 行ずつ読み込んでいるのが確認できます．

```
### File-name: sample-file-in-2-2.rb ###

File.open('sample-seq-1.fasta'){|file_name|

5   file_name.each{|line_data|

      line = line_data

      print(line, "\n")    # 1 行ごとに空行を入れる
10
    }

}
```

プログラムの中で，「{ }」で囲まれた区切りをブロックとして，コンピュータにおける処理のまとまりとします．ブロックの中での処理はわかりやすいように，**字下げ**をしておくようにします (5～11 行目)．このため，2 重 3 重に字下げをすることもあります．字下げ自体に処理命令の意味はありません．

ブロックパラメータについて

「sample-file-in-2-2.rb」で使用した，「File.open」メソッドを使った 1 行ずつの入力方法では，「| |」の中に記したパラメータ (**ブロックパラメータ**といいます) を次のブロック「{ }」に渡しています．試しに，ブロックパラメータを「p」で表示させてみましょう．

```
### File-name: sample-file-in-2-3.rb ###

File.open('sample-seq-1.fasta'){|file_name|

  p file_name    # file_name の確認

  file_name.each{|line_data|

    p line_data    # line_data の確認

    line = line_data

    print(line, "\n")

  }

}
```

最初のブロックパラメータ「file_name」でファイル名が，次のブロックパラメータ「line_data」で各行のデータが表示されるはずです．このように，込み入ったプログラムの動きを確認するために出力メソッド「p」を使用して，変数の中身などを表示させると理解が進みます．

改行以外の区切り文字による入力

1 行ずつの入力では，「"\n"(改行)」を区切り文字としていますが，このほかの文字を区切り文字として使用することができます．そのためには，「(' ')」または「(" ")」のクォーテーションマークの中に区切り文字を記入して使用します．

次のプログラム「sample-file-in-2-4.rb」を作成して実行してみましょう．

> メモ：「each」メソッドについて
>
> 「each」はブロックパラメータなどで渡されるパラメータを，1 つずつ最後まで使用することを明記するメソッドです．**配列**などで利用されます (9 章参照).

```
1  ### File-name: sample-file-in-2-4.rb ###
2
3  File.open('sample-seq-1.fasta'){|file_name|
4
5    file_name.each('A'){|line_data|
6
7      line = line_data
8
9      print(line, "\n")
10
11   }
12
13 }
```

このプログラムの5行目で,「A」を区切り文字にしています．ここでも，シングルクォーテーションとダブルクォーテーションの違いに気をつけてください．スペースを区切り文字として使いたいときは「("\s")」です．

(2) ファイルへの出力

出力用コマンド「>」を使ったファイルへの出力

ファイルへのデータ出力で一番簡単な方法は，コマンドプロンプトやターミナルに装備されているファイルへの出力コマンド「>」を利用することです．先に作成したプログラム「sample-file-in-2.rb」(51ページ参照) の出力結果を，「sample-out.txt」という名前のファイルに出力したい場合

```
ruby sample-file-in-2.rb > sample-out.txt
```

のようにしてプログラムを実行してみてください．「sample-out.txt」というファイルが作成されて，出力の内容がこのファイルに書き込まれています．

> **メモ：ファイル出力コマンドについて**
>
> コマンドプロンプトやターミナルで準備されているファイル出力コマンド「>」は，この記号の後に記述したファイル名が存在しなければ新しくそのファイル名のファイルを作成し，同じ名前のファイルがあったら内容を上書きするコマンドです．
>
> このほかに，ファイル出力コマンド「>>」があり，これは記述したファイル名と同じファイルがあると，出力内容を追加書き込みするコマンドです．

「File.open」によるファイルへの出力

Ruby プログラムの中でファイルに出力する方法を紹介しましょう．前述のファイルへの入力と同様に，「File.open」を使ってファイルに出力します．

次のプログラム「sample-file-out-1.rb」を作成して実行してみてください．

```
1  ### File-name: sample-file-out-1.rb ###
2
3  File.open('sample-out.txt', 'w'){|out_file_name|
4
5    File.open('sample-seq-1.fasta'){|in_file_name|
6
7      in_file_name.each{|line_data|
8
9        line = line_data
10
11       out_file_name.print(line)    # ファイルへの書き込み
12
13     }
14
15   }
16
17 }
```

「File.open」を使ったファイルへの出力では (3 行目)

```
File.open('sample-out.txt', 'w'){|out_file_name|
```

「'w'」のように，ファイルを開くときの**モード**について表記する必要があります．

表 6.1 に「File.open」で使用するおもなモードを記しておきます．

表 6.1 「File.open」のモード

モード	意　味
r	読み込み専用モード．
w	書き込みモード．指定したファイル名がなければそのファイルを作成して書き込み，ファイルが存在する場合は上書きする．
a	追加書き込みモード．指定したファイル名がなければそのファイルを作成して書き込み，ファイルが存在する場合は追加書き込みする．

また，ファイルへ出力するときには (11 行目)

```
out_file_name.print(line)
```

書き込み用のブロックパラメータ (ここでは「out_file_name」) の後に，「print」を「.」(ドット) を使って連結させます．

(3) バイオインフォマティクス用ファイル形式

バイオインフォマティクス用の**ファイル形式**について，いくつか代表的なものを紹介します．

まず，これまで入力ファイルとして使用していた **FASTA 形式**について説明します．もう一度，「`sample-seq-1.fasta`」というファイルの内容をみてください．

FASTA 形式のファイル例

```
>sp|P78426|NKX61_HUMAN Homeobox protein Nkx-6.1
MLAVGAMEGTRQSAFLLSSPPLAALHSMAEMKTPLYPAAYPPLPAGPPSSSSSSSSSSP
SPPLGTHNPGGLKPPATGGLSSLGSPPQQLSAATPHGINNILSRPSMPVASGAALPSASP
SGSSSSSSSSASASSASAAAAAAAAAAAAAASSPAGLLAGLPRFSSLSPPPPPPGLYFSPS
AAAVAAVGRYPKPLAELPGRTPIFWPGVMQSPPWRDARLACTPHQGSILLDKDGKRKHTR
PTFSGQQIFALEKTFEQTKYLAGPERARLAYSLGMTESQVKVWFQNRRTKWRKKHAAEMA
TAKKKQDSETERLKGASENEEEDDDYNKPLDPNSDDEKITQLLKKHKSSSGGGGGLLLHA
SEPESSS
```

このファイル形式は，DNA 配列やタンパク質のアミノ酸配列を表記するために使用されるもので，もともとは「FASTA」とよばれている**配列相同性**を検出するためのプログラムで使用されているファイル形式です．

この特徴は，以下のようになっています．

- 「>」の記号が最初にあり，その後に遺伝子名やタンパク質名などを記入する．
- 次の行から DNA 配列またはアミノ酸配列をアルファベットの 1 文字表記で表す．
- 1 つの配列データが終了したら，また「>」から始まる行で次のデータを記述できる．

次のファイル形式は **DDBJ/EMBL/GenBank フラットファイル形式**とよばれるもので，DNA データバンクである DDBJ のデータベースなどで使用されています．

DDBJ/EMBL/GenBank フラットファイル形式のファイル例

```
LOCUS       AF102991                1119 bp    mRNA    linear   VRT 09-DEC-1998
DEFINITION  Gallus gallus homeodomain protein (Nkx-6.1) mRNA, partial cds.
ACCESSION   AF102991
VERSION     AF102991.1
KEYWORDS    .
SOURCE      Gallus gallus
  ORGANISM  Gallus gallus
Eukaryota; Metazoa; Chordata; Craniata; Vertebrata; Euteleostomi;
Archosauria; Aves; Neognathae; Galliformes; Phasianidae;
Phasianinae; Gallus.
REFERENCE   1  (bases 1 to 1119)
  AUTHORS   Qiu,M., Shimamura,K., Sussel,L., Chen,S. and Rubenstein,J.L.
  TITLE     Control of anteroposterior and dorsoventral domains of Nkx-6.1 gene
expression relative to other Nkx genes during vertebrate CNS
development
  JOURNAL   Mech. Dev. 72 (1-2), 77-88 (1998)
   PUBMED   9533954
```

```
REFERENCE   2  (bases 1 to 1119)
  AUTHORS   Qiu,M.S., Li,G.Y. and Rubenstein,J.L.R.
  TITLE     Direct Submission
  JOURNAL   Submitted (30-OCT-1998) Anatomical Sciences & Neurobiology,
University of Louisville, 500 Preston Street, Louisville, KY 40292,
USA
FEATURES             Location/Qualifiers
 source          1..1119
 /organism="Gallus gallus"
 /mol_type="mRNA"
 /db_xref="taxon:9031"
 gene            <1..1119
 /gene="Nkx-6.1"
 CDS             <1..462
 /gene="Nkx-6.1"
 /codon_start=1
 /product="homeodomain protein"
 /protein_id="AAC83926.1"
 /db_xref="GI:3983416"
 /translation="PPWRDARIGCAPHQGSILLDKDGKRKHTRPTFSGQQIFALEKTF
 EQTKYLAGPERARLAYSLGMTESQVKVWFQNRRTKWRKKHAAEMATAKKKQDSETERL
 KGASDNEDDDDDYNKPLDPNSDDEKIAQLLKKHKPGAGGLLPHPAEGEASA"
 misc_feature    73..252
 /gene="Nkx-6.1"
 /note="homeodomain"
BASE COUNT          254 a          316 c          341 g          208 t
ORIGIN
     1 ccgccctgga gggacgcccg catcggctgc gcgccgcatc aaggctcgat cctgctggac
    61 aaggacggca agaggaagca cacgcggccc acgttctccg ggcagcagat tttcgctctg
   121 gagaagactt tcgagcagac caagtacctg gcgggccccg agcgggcgcg gctcgcctac
   181 tcgctgggca tgaccgagag ccaggtgaag gtgtggttcc agaaccggcg gaccaagtgg
   241 cggaagaaac acgcggccga gatggcgacg gccaagaaga agcaggactc ggagacggag
   301 cggctgaagg gcgcctcgga caacgaggac gacgacgacg actacaacaa acccctcgac
   361 cccaactccg acgacgagaa gatcgcgcag ctgctcaaga aacacaaacc gggcgccggg
   421 gggctgctgc cgcaccccgc cgagggcgag gcctccgcgt agcccgcgca catgtacaga
   481 tctatttttc tacgctccga gcggccggag ccggactgcg ggctcgcgtc gtcgtaggct
   541 cgccggatgc ggccgagccg ggccggaccg cggcgtcgtt atggtagggt cgccggcggc
   601 ggggccacct gttgaaggct ctttgtaaat accccgcggg tcccggctgt gaatagcgcc
   661 cgtgtacgat accttcgttg tttttgtac ggccgccggg ccccgcggac cgggggggga
   721 ccgcccgcgt ggcggtgggc tgcggtgccc gaggccgcgc ccgtagggaa ggaggaagga
   781 aggcagaaag ccccgcaggg ccaaactcgc gccggtggga accggcgcag ccactttcgg
   841 gcggaatata aaaacccatt tagttgctgt cattgaattt aaggtgtgtt ttccttttgt
   901 atcatacgga atactataga atgtaaattg ttttcttctt tctttttttt tttttaaaac
   961 gatgatctat cgtgacatag cgtcttaacc tttattaatt tatattaaaa ccaattcggt
  1021 ttgtaaagag aaggaaaacc ctttgcaacc ccgttcgatg taatgcactt tctgttcgca
  1081 aacaaaacaa cgataaacca attaaaccct aaaaaaaaa
//
```

このファイル形式には，以下のような特徴があります．

- 各項目の内容を示すタグが明記されている．
- 1 つの配列データはデータ終了の印である「//」で終了し，複数のデータ (エントリともよばれる) を記述できる．

各項目のタグの詳しい説明は，DDBJ のウェブページなどに記載されています．

最後に，タンパク質などの生体分子の立体構造を表示するための，**PDB** データファイル形式を紹介します．

PDB データファイル形式のファイル例

```
HEADER    HORMONE/GROWTH FACTOR                   09-AUG-98   1BQF
TITLE     GROWTH-BLOCKING PEPTIDE (GBP) FROM PSEUDALETIA SEPARATA
COMPND    MOL_ID: 1;
COMPND   2 MOLECULE: PROTEIN (GROWTH-BLOCKING PEPTIDE);
COMPND   3 CHAIN: A;
COMPND   4 OTHER_DETAILS: CHEMICALLY SYNTHESIZED
SOURCE    MOL_ID: 1;
SOURCE   2 ORGANISM_SCIENTIFIC: APANTELES KARIYAI;
SOURCE   3 ORGANISM_COMMON: BRACONID WASP;
SOURCE   4 ORGAN: BRAIN;
SOURCE   5 TISSUE: FAT BODY;
SOURCE   6 OTHER_DETAILS: CHEMICALLY SYNTHESIZED
KEYWDS    GROWTH FACTOR
EXPDTA    NMR, 16 STRUCTURES
AUTHOR    T.AIZAWA,N.FUJITANI,Y.HAYAKAWA,A.OHNISHI,T.OHKUBO,K.KWANO,
AUTHOR   2 K.HIKICHI,K.NITTA
REVDAT   4   01-APR-03 1BQF    1       JRNL
REVDAT   3   01-MAY-00 1BQF    1       COMPND SOURCE DBREF
REVDAT   2   29-DEC-99 1BQF    4       HEADER COMPND REMARK JRNL
REVDAT   2 2                   4       ATOM   SOURCE SEQRES
REVDAT   1   09-DEC-98 1BQF    0
JRNL        AUTH   T.AIZAWA,N.FUJITANI,Y.HAYAKAWA,A.OHNISHI,T.OHKUBO,
JRNL        AUTH 2 Y.KUMAKI,K.KAWANO,K.HIKICHI,K.NITTA
JRNL        TITL   SOLUTION STRUCTURE OF AN INSECT GROWTH FACTOR,
JRNL        TITL 2 GROWTH-BLOCKING PEPTIDE.
JRNL        REF    J.BIOL.CHEM.                  V. 274  1887 1999
JRNL        PUBL   ROCKVILLE PIKE, BETHESDA, MD USA
JRNL        REFN   ASTM JBCHA3  US ISSN 0021-9258

|

|     (途中省略)

|

REMARK 500
REMARK 500 STANDARD TABLE:
REMARK 500 FORMAT:(10X,I3,1X,A3,1X,A1,I4,A1,4X,F7.2,3X,F7.2)
REMARK 500
REMARK 500  M RES CSSEQI        PSI       PHI
REMARK 500  8 TYR A  24      -93.06     56.50
REMARK 500 11 ASN A   2      -90.28     61.90
REMARK 500 14 TYR A  24      154.41     65.87
DBREF  1BQF A    1    25  UNP    Q27913   GBP PSESE        1     25
SEQRES   1 A   25  GLU ASN PHE SER GLY GLY CYS VAL ALA GLY TYR MET ARG
SEQRES   2 A   25  THR PRO ASP GLY ARG CYS LYS PRO THR PHE TYR GLN
SHEET    1   A 2 TYR A  11   ARG A  13  0
SHEET    2   A 2 CYS A  19   PRO A  21 -1  N  LYS A  20   O  MET A  12
SSBOND   1 CYS A    7    CYS A   19
CRYST1    1.000    1.000    1.000  90.00  90.00  90.00 P 1           1
ORIGX1      1.000000  0.000000  0.000000        0.00000
ORIGX2      0.000000  1.000000  0.000000        0.00000
ORIGX3      0.000000  0.000000  1.000000        0.00000
SCALE1      1.000000  0.000000  0.000000        0.00000
SCALE2      0.000000  1.000000  0.000000        0.00000
SCALE3      0.000000  0.000000  1.000000        0.00000
MODEL        1
ATOM      1  N   GLU A   1      -5.114  10.631  -9.241  1.00  0.00           N
ATOM      2  CA  GLU A   1      -6.599  10.495  -9.254  1.00  0.00           C
ATOM      3  C   GLU A   1      -7.012   9.323  -8.360  1.00  0.00           C
ATOM      4  O   GLU A   1      -6.617   8.194  -8.581  1.00  0.00           O
```

```
|

|     (途中省略)

|

ENDMDL
CONECT   82  258
CONECT  258   82
MASTER        66    0    0    0    2    0    0    6 5936   16    2    2
END
```

このファイル形式は，タンパク質の名前のほかに，生体分子を構成する各原子の立体座標を3次元で表しています．このファイル形式には，以下のような特徴があります．

- 各項目の内容を示すタグが明記されている．
- 1つの配列データはデータ終了の印である「END」で終わっている．
- NMRのデータファイルなどは，1つのエントリの中に複数の座標データが記載されていることがある．

各項目のタグの詳しい説明は，PDBjのウェブページなどに記載されています．

ここに記した3例のファイル形式は代表的なものであり，データベースやそのデータを管理している機関によって様々なファイル形式があります．それらすべてではありませんが，上記のファイル形式を含めておもなファイル形式については，後述するBioRubyにおいて，そのデータから必要な部分だけを抽出するプログラムが提供されていますので，安心してください(11章参照)．

7

変数と正規表現

7.1 変数の種類と範囲

(1) 文字列と数値

変数のオブジェクト

すでに使用している**変数**について説明をします．変数は「=」を使って数値や文字列を入力することで，**クラス**から派生した**オブジェクト (実体)** を生成します．

ここでまず覚えて欲しいのは，変数には文字列を扱う**文字列オブジェクト**と，数値を扱う**整数オブジェクト**，**浮動小数オブジェクト**があるということです．

まず，**文字列オブジェクト**についてプログラムを作成してみましょう．

```
### File-name: sample-hensu-1-1.rb ###

mojiretsu = "DNA RNA Protein"

p mojiretsu
```

このプログラムを実行させると

```
"DNA RNA Protein"
```

と表示されますが，次のプログラムを実行するとエラーメッセージが表示されます．

```
### File-name: sample-hensu-1-2.rb ###

mojiretsu = DNA RNA Protein

p mojiretsu
```

このように，文字列を変数に代入するためには，「" "」(ダブルクォート) または「' '」(シングルクォート) で文字列をはさみます (メモ：クォーテーションマーク，50 ページ参照)．このように，文字列オブジェクトを「p」で表示させると，「" "」でその文字列がはさまれて出力されます．

次に，**数値を扱うオブジェクト**についてプログラムを作成してみましょう．変数に数値を「=」で代入することで，数値を扱うオブジェクトが生成されます．

```
### File-name: sample-hensu-1-3.rb ###

suuchi = 1234567890

p suuchi
```

この「sample-hensu-1-3.rb」のように，数値を変数に代入して，「p」でその値を表示させるとき，文字列オブジェクトとは違い，「" "」でその値ははさまれません．

数値を扱うオブジェクトには，**整数オブジェクト**と**浮動小数オブジェクト**が存在します．その違いは，変数に数値を代入するときに小数点をつけるかどうかで決まります．

```
### File-name: sample-hensu-1-4.rb ###

suuchi_i = 1234567890

p suuchi_i

suuchi_f = 1234567890.0

p suuchi_f
```

数値を扱うオブジェクトと文字列オブジェクトのような，異なったオブジェクト間での変数の演算はできません．

次のような変数同士の足し算をするとエラーメッセージが表示されます．

メモ：オブジェクト指向について

Ruby はオブジェクト指向のプログラムなので，クラスやオブジェクトといった用語が出てきますが，その意味を最初から完全に理解することは困難なことです．基礎編で解説する内容ではあまり意識しなくてもよいので，「このような決まり事がある」という程度で考えておいてください．

```
### File-name: sample-hensu-1-5.rb ###

suuchi_s = "1234567890"

5 p suuchi_s

suuchi_i = 1234567890

p suuchi_i
10
wa = suuchi_s + suuchi_i

p wa
```

このプログラム「sample-hensu-1-5.rb」の変数「suuchi_s」を，次のように「.to_i」を使って，文字列オブジェクトから整数オブジェクトに変換させることができます (11 行目).

```
### File-name: sample-hensu-1-6.rb ###

suuchi_s = "1234567890"

5 p suuchi_s

suuchi_i = 1234567890

p suuchi_i
10
wa = suuchi_s.to_i + suuchi_i

p wa
```

また逆に，「.to_s」を使って，整数オブジェクトから文字列オブジェクトに変換させることも可能です (11 行目).

✐ メモ：メソッドを繋げる「.」(ドット)

クラスがもっている「to_i」のようなメソッドを呼び出すために，「.」(ドット) を使用します．ドットの後ろにメソッドを連ねることも可能です．

例えば，「sample-hensu-1-5.rb」のプログラム 5 行目を

「suuchi_s.to_i.to_s」

としても，もとの文字列オブジェクトに戻ります．

```
### File-name: sample-hensu-1-7.rb ###

suuchi_s = "1234567890"

p suuchi_s

suuchi_i = 1234567890

p suuchi_i

mojiretsu_wa = suuchi_s + suuchi_i.to_s

p mojiretsu_wa
```

(2) 変数の範囲

変数の種類とその範囲について

これまで作成してきたような行数の少ないプログラムならば，**変数の範囲**ということはあまり意識する必要はないのですが，数百，数千行のプログラムとなると，変数の範囲を考慮しなくてはならない場合があります．

表 7.1 に変数の種類と範囲についてまとめてみます．

表 7.1 変数の種類と範囲

変数の種類	範　囲	名前の付け方	例
ローカル変数	メソッドの中のみ	アルファベットの小文字から始める 使用できる文字はアルファベットと数字，アンダーバー	hensu_1
定数 (一度，値を代入すると変更できなくなる)	定数を設定した範囲以内ならばどこからでも参照できる	アルファベットの大文字から始める	Teisuu
グローバル変数	プログラムのどこからでも参照できる	$ を先頭につける	$varia
インスタンス変数	オブジェクトの中で参照できる	@ を先頭につける	@ins_vr
クラス変数	クラスの中で参照できる	@@ を先頭につける	@@cls_v

以下では，**ローカル変数**，**定数**，**グローバル変数**について説明します．

まず，**ローカル変数**の範囲を明示したプログラムを作成してみましょう．

```
### File-name: sample-hensu-2-1.rb ###

dna_seq_1 = "ATGCGTTGATGAGAAGG"

5 def dna_1

    dna_seq_2 = "atgcgttgatgagaagg"

    p dna_seq_2
10
end

dna_1

15 p dna_seq_1
```

このプログラムの 5～11 行目に，「def --- end」という部分が出てきましたが，これは**メソッド**を定義するときに使用する方法です．「def dna_1」のように「def」の後にその**メソッド名**を記すと，そのメソッド名をプログラムの中に書くだけでメソッドを実行することができます (メソッド定義の仕方，87 ページ参照)．「sample-hensu-2-1.rb」のプログラムでは，変数「dna_seq_2」に小文字の DNA 配列を代入して，それを表示するメソッドが実行されています．

プログラム「sample-hensu-2-1.rb」を以下のように変更すると

```
### File-name: sample-hensu-2-2.rb ###

dna_seq_1 = "ATGCGTTGATGAGAAGG"

5 def dna_1

    dna_seq_2 = "atgcgttgatgagaagg"

    p dna_seq_2
10
end

dna_1

15 p dna_seq_2
```

このプログラムの 15 行目の「p dna_seq_2」の部分で，エラーメッセージが表示されますが，これは，ローカル変数をメソッドの外から参照しようとしたからです．

次に，**定数**を使ったプログラムを作成しましょう．

```
1  ### File-name: sample-hensu-2-3.rb ###
2
3  Dna_seq_1 = "ATGCGTTGATGAGAAGG"
4
5  p Dna_seq_1
6
7  Dna_seq_1 = "atgcgttgatgagaagg"
8
9  p Dna_seq_1
```

このプログラムでは，定数として一度文字列を代入した変数「Dna_seq_1」に，もう一度，新しい文字列を代入しようとすると警告メッセージが表示されます (7 行目)．このように，定数は値を代入してしまったら変更せずに使うべきです．

最後に，**グローバル変数**についてプログラムを作成しましょう．表 7.1 でも説明したように，この変数はプログラムのどこからでも参照可能です．

```
1  ### File-name: sample-hensu-2-4.rb ###
2
3  dna_seq_1 = "ATGCGTTGATGAGAAGG"
4
5  def dna_1
6
7     $dna_seq_2 = "atgcgttgatgagaagg"
8
9     p $dna_seq_2
10
11 end
12
13 dna_1
14
15 p $dna_seq_2
```

このプログラムは「sample-hensu-2-2.rb」のプログラムで，エラーの原因となった変数をグローバル変数に変えたものです (7 行目)．グローバル変数はエラーが起こらなくて便利に感じるかもしれませんが，プログラムの中での変数名の参照を十分気をつけながら使用しないといけません．

次のプログラムを実行してみましょう．

```
### File-name: sample-hensu-2-5.rb ###

dna_seq_1 = "ATGCGTTGATGAGAAGG"

def dna_1

   $dna_seq_2 = "atgcgttgatgagaagg"
```

```
9    p $dna_seq_2
10
11 end
12
13 dna_1
14
15 $dna_seq_2 = dna_seq_1
16
17 p $dna_seq_2
```

このプログラムでは，メソッド「dna_1」のグローバル変数「$dna_seq_2」が，15 行目で書き換えられているため，13 行目と 17 行目の出力結果が違っています．

このように，グローバル変数では，その変数に代入されたデータについて，プログラム全体で気をつけなければいけません．このような煩雑さを回避するために，なるべく，ローカル変数だけを使用してプログラムを作成するようにしましょう．

7.2 変数の取扱い

(1) 変数の演算

数値を代入した変数は，基本的な演算が可能です．

```
### File-name: sample-hensu-3-1.rb ###

var_a = 10

var_b = 3

wa = var_a + var_b    #=> 13

p wa

sa = var_a - var_b    #=> 7

p sa

kake = var_a * var_b    #=> 30

p kake

shou = var_a / var_b    #=> 3

p shou

amari = var_a % var_b    #=> 1

p amari
```

ここで，「%」は割り算の「余り」を返してくれます．

上記のプログラム「sample-hensu-3-1.rb」では整数として演算していましたが，小数として計算することも可能です．このとき，変数への値の代入では小数点を忘れないようにしてください．

```
### File-name: sample-hensu-3-2.rb ###

var_a = 10.0

var_b = 3.0

wa = var_a + var_b    #=> 13.0

p wa

sa = var_a - var_b    #=> 7.0

p sa

kake = var_a * var_b    #=> 30.0

p kake

shou = var_a / var_b    #=> 3.33---

p shou

amari = var_a % var_b    #=> 1.0

p amari
```

(2) 文字列の取扱い

バイオインフォマティクスでは，DNA，RNA，タンパク質の配列情報を取り扱うことが多いので，Ruby の文字列オブジェクトに用意されている文字列を操作するメソッドはとても便利です．ここでは，それらのいくつかを紹介します．

文字数を数える「length」

変数に代入した文字列の文字数を数える「length」というメソッドがあります．

```
### File-name: sample-hensu-4-1.rb ###

File.open('sample-seq-2.data'){|file_name|

   len_text = 0

   file_name.each{|line|
```

```
 9      print(line)
10
11      len_text = len_text + line.chomp.length
12
13    }
14
15    print(len_text, "文字", "\n")
16
17  }
```

このプログラムでは，ファイル「sample-seq-2.data」を1行ずつ読み込み (7行目)，11 行目の「line.chomp.length」で，変数「line」の文字数を数えています (改行も1文字として数えてしまうため，「chomp」を使って取り除いています)．このメソッドを使用すると，DNA やタンパク質配列の長さをデータから読み取ることができます．

アルファベットの大文字・小文字変換「upcase」「downcase」

アルファベットの小文字を大文字に変換するには「upcase」，大文字を小文字に変換するには「downcase」というメソッドを使用します．

```
 1  ### File-name: sample-hensu-4-2.rb ###
 2
 3  text = File.read('sample-seq-2.data')
 4
 5  print(text)
 6
 7  dwn_text = text.downcase
 8
 9  print(dwn_text)
10
11  up_text = dwn_text.upcase
12
13  print(up_text)
```

このプログラムで注意して欲しいのは，「text」という変数の中身は，これらのメソッドを使用した後でも変化していないということです．

> **✎ メモ：破壊的メソッド「!」**
>
> プログラム「sample-hensu-4-2.rb」で使用した，「upcase」と「downcase」に破壊的メソッドを表す「!」を後ろにつけると，もとの変数の内容が変化します．
>
> 例えば，プログラム「sample-hensu-4-2.rb」の 7 行目において，「text.downcase!」と変化させると，もとの変数「text」の中身も変わってしまいます．

文字列の前後を逆にする「reverse」，改行を削る「chomp」

与えられた文字列の前後を逆にしたものを返すのが「reverse」です．この方法を使用すると，タンパク質配列をC末端側から表現することが可能になります．

```
### File-name: sample-hensu-4-3.rb ###

text = File.read('sample-seq-2.data')

print('text = ', "\n", text)

r_text = text.reverse

print('r_text = ', "\n", r_text)
```

このプログラム「sample-hensu-4-3.rb」では，変数「r_text」の表示で最初に改行が入っています．これは，もとの変数「text」の最後に改行が存在するからです．このような改行を削除してくれるのが「chomp」で，次のように「.」(ドット) で連結して使用することができます．

```
### File-name: sample-hensu-4-4.rb ###

text = File.read('sample-seq-2.data')

5 print('text = ', "\n", text)

r_text = text.chomp.reverse

print('r_text = ', "\n", r_text)
```

このプログラムの7行目の「text.chomp.reverse」において，「chomp」と「reverse」の順番を変えると結果が変わってきますので確かめてみてください．

「chomp」はデータの最後にある改行だけを削除してくれるメソッドですが，同じようなメソッドに「chop」があります．こちらは，改行だけでなく，最後にある1文字を削除するメソッドなので注意してください．

特定の文字を置換「sub」と「gsub」

文字列の中の特定の部分を，ほかの文字に置き換えることができるメソッドが「sub」と「gsub」です．「sub」は最初の1か所だけを置換し，「gsub」は文字列の中のすべての該当部分を置換してくれます．使い方はこれまでのメソッドとは少し違って，「sub("目的文字列", "置換文字列")」というように使用します．

「sub」と「gsub」の違いが明らかになるプログラムを作成してみましょう．アミノ酸配列の一部分を置換するプログラムです．

```
1  ### File-name: sample-hensu-4-5.rb ###
2  
3  text = File.read('sample-seq-2.data')
4  
5  sub_text = text.sub('SSS', 'XXX')
6  
7  print('sub_text = ', "\n", sub_text)
8  
9  gsub_text = text.gsub('SSS', 'XXX')
10 
11 print('gsub_text = ', "\n", gsub_text)
```

このプログラムの5行目の「sub」では，最初の「SSS」の部分だけが「XXX」に置換されます．9行目の「gsub」では，すべての「SSS」という配列部分が，「XXX」に置換されているはずです．「sub("目的文字列", "置換文字列")」において，文字列をはさむクォーテーションマークは，「' '」(シングルクォート) でも「" "」(ダブルクォート) でも構いません (メモ：クォーテーションマーク，50ページ参照)．

文字列置換メソッド「gsub」と文字列の前後を逆にするメソッド「reverse」を組み合わせて，DNA配列の相補鎖DNAを作成することが可能です．

```
1  ### File-name: sample-hensu-4-6.rb ###
2  
3  dna_1 = File.read('dna-1-1.data')
4  
5  ### 各DNAを相補するDNAに置換 (ここから)
6  
7  cdna_1 = dna_1.gsub('c', 'G')
8  
9  cdna_1 = cdna_1.gsub('g', 'C')
10 
11 cdna_1 = cdna_1.gsub('a', 'T')
12 
13 cdna_1 = cdna_1.gsub('t', 'A')
14 
15 ### 各DNAを相補するDNAに置換 (ここまで)
16 
17 cdna_2 = cdna_1.reverse
18 
19 cdna_2 = cdna_2.downcase
20 
21 print('cdna = ', cdna_2)
```

このプログラムでは，7～13行目でDNA配列を相補DNA配列に置換していますが，大文字と小文字を利用することで，置換した文字を区別しています．

文字列の分割「split」

文字列を特定の文字で分割する「split」というメソッドがあります．このメソッドでは「split("区切り文字")」というように区切り文字を設定します．このメソッドは様々な形式の生物学的データから，目的とする部分だけを取り出すときに利用できます．

```
### File-name: sample-hensu-4-7.rb ###

data_1 = File.read('name_data_1.data')

sp_data_1 = data_1.chomp.split(';')

p sp_data_1
```

このプログラムでは，ファイル「name_data_1.data」の内容を読み込み

name_data_1.data

```
Eukaryota; Metazoa; Chordata; Craniata; Vertebrata; Euteleostomi
```

「split」メソッドを使用して，区切り文字「;」でデータを分割し，**配列**にデータを分割して代入しています (配列については，9 章参照)．

プログラム「sample-hensu-4-7.rb」を実行すると

```
["Eukaryota", "Metazoa", "Chordata", "Craniata",
"Vertebrata", "Euteleostomi"]
```

のように，配列「sp_data_1」の各データが出力されるはずです．

7.3 正規表現

(1) 正規表現の使い方

正規表現は文字列のパターンを記述し，目的とする文字列のパターンを操作することができるとても便利な方法です．バイオインフォマティクスでは，特定の配列パターンの抽出などに威力を発揮します．ここでは，正規表現の基本的な使い方と，実際に正規表現を使うときのコツなどを解説します．

正規表現で制限酵素切断場所を探す

遺伝子操作を行うときによく使用するのが特定の DNA 配列を認識して切断する，**制限酵素**という DNA 切断酵素です．制限酵素には様々な特定配列を認識するものがあります．ここでは，EcoR1 という酵素が認識する「5' G$\hat{\text{A}}$ATTC 3'」という配列を DNA データから探してみましょう (「$\hat{\text{A}}$」は切断される部分です)．

```
### File-name: sample-hensu-5-1.rb ###

text = File.read('dna-5-1.data')

5 text_1 = text.gsub("\n", "")

print(text_1, "\n\n")

eco_text = text_1.gsub(/gaattc/, 'GAATTC')
10
print('text-EcoR1 =', "\n")

print(eco_text)
```

このプログラム「`sample-hensu-5-1.rb`」では，DNA 配列データが記されたファイル「`dna-5-1.data`」を読み込み，9 行目において，「`gsub( , )`」と正規表現の記述方法「`/gaattc/`」を組み合わせ，EcoR1 による切断配列を大文字に変換しています．正規表現はこのように，「`/ /`」の間に探したい文字列のパターンを記述します．

これと同じことは，正規表現を使用せずに，「`gsub(gaattc, GAATTC)`」と記述すれば実行できます．しかし，次のような配列を認識する制限酵素 PflMI「5' CCANNNN$\hat{\text{N}}$TGG 3'」の場合は，正規表現を使用しないと切断部位を抽出することは難しいです．

> **メモ：遺伝子の表現記号**
>
> 制限酵素 PflMI の切断部位は，「5' CCANNNN$\hat{\text{N}}$TGG 3'」と表現されていますが，「N」は「A, T, G, C」すべての塩基が可能であるということを意味しています．遺伝子を表す記号として，これ以外に次のような記号が定められています (標準 IUB/IUPAC 核酸略号)．
>
> 「M：A または C」，「R：A または G」，「W：A または T」，
> 「S：C または G」，「Y：C または T」，「K：G または T」，
> 「V：A または C または G」，「H：A または C または T」，
> 「D：A または G または T」，「B：C または G または T」

なぜならば，PflMI の認識部位「5' CCANNNNN̂TGG 3'」の「N」は，「A, T, G, C」のどれでも構わないからです (メモ：遺伝子の表現記号，71 ページ参照)．この認識部位を正規表現で記述すると「/CCA.....TGG/」と表現することが可能で，「.」(ドット) は任意の 1 文字を表します．

この正規表現を使った，PflMI の認識部位を同定するプログラムは次のようになります．

```
1  ### File-name: sample-hensu-5-2.rb ###
2
3  text = File.read('dna-5-1.data')
4
5  text_1 = text.gsub("\n", "")
6
7  print(text_1, "\n\n")
8
9  pfl_text = text_1.gsub(/cca.....tgg/, 'CCANNNNNTGG')
10
11 print('PflMI =', "\n")
12
13 print(pfl_text)
```

(2) 正規表現を使用した生物学配列情報の処理

正規表現は抽出したい文字列のパターンを「/ /」の間に記述すればよいのですが，あいまいな表現や繰り返しを記述する方法が使えることによって，とても強力な文字列パターンの検索が可能になっています．正規表現の有用な記述方法を以下に紹介します．

正規表現の規則：複数の文字を候補にする「[ ]」

「メモ：遺伝子の表現記号」(71 ページ) にあるように，複数の候補がある配列を正規表現で記述するには「[ ]」を使用します．「[ ]」が 1 文字分の候補を表すものとして，遺伝子記号の「N：A または T または G または C」を表したいときには「[atgc]」というように，候補となる文字をすべて記述します．

この方法を使ってプログラム「sample-hensu-5-2.rb」の 9 行目を書き直すと

```
pfl_text = text_1.gsub(/cca[atgc][atgc][atgc][atgc][atgc]tgg/, 'CCANNNNNTGG')
```

となりますが，これでは「[atgc]」の繰り返しが多すぎて，正規表現の記述方法としてはすっきりしていません．そこで，次に紹介する繰り返しの記述方法を利用します．

正規表現の規則：繰り返し

あるパターンを「n 回」繰り返したいときには，「繰り返しパターン {n}」という記述を使用します．この方法を利用すると，プログラム「sample-hensu-5-2.rb」は，次のように書き換えることができます．

```
### File-name: sample-hensu-5-3.rb ###

text = File.read('dna-5-1.data')

text_1 = text.gsub("\n", "")

print(text_1, "\n\n")

pfl_text = text_1.gsub(/cca[atgc]{5}tgg/, 'CCANNNNNTGG')

print('PflMI =', "\n")

print(pfl_text)
```

このように繰り返しを記述する正規表現を表 7.2 にまとめます．

表 7.2 繰り返しの正規表現

繰り返し記号	繰り返し回数
+	1 回以上の繰り返し
*	0 回以上の繰り返し
?	0 または 1 回だけの繰り返し
{n}	n 回の繰り返し
{n,}	n 回以上の繰り返し
{n,m}	n 回以上 m 回以下の繰り返し

例えば,「/ATGCA?TGC/」という正規表現は,「/ATGCTGC/」と「/ATGCATGC/」という 2 通りの文字列パターンを示すものなのです．これらの繰り返しに関する正規表現を使ったプログラムを作成してみましょう．

```
### File-name: sample-hensu-5-4.rb ###
# True -> number (0, 17 ---) Faise -> nil

text_seq = "ATGCGTTGATGAGAAGGATGCATGCATGC"

print('Pattern_1 =', "\n")
p text_seq =~ /ATGC+ATGC/

print('Pattern_2 =', "\n")
p text_seq =~ /(ATGC){2}/

print('Pattern_3 =', "\n")
p text_seq =~ /(ATGC){2,}/
```

このプログラム「sample-hensu-5-4.rb」で使われている「=~」は，正規表現に当てはまるパターンが存在するかどうかを確かめるための記号です．この記号の「p」による返答は，マッチするパターンが存在すればその最初の文字が n 文字目の場合，$n-1$ の数字が返され，存在しなければ「nil」が返されます．

正規表現の規則：文字列の先頭・末尾

これまで述べてきた正規表現のほかに，文字列の中での位置を記述する正規表現があります．文字列の先頭を示す記号には「\A」と「^」があるのですが，使い方が少し違います．「\A」は単純に文字列の先頭だけを意味するのですが,「^」は各行の先頭を意味します．これらの正規表現を使用したプログラムを作成してみましょう．

```
### File-name: sample-hensu-5-5.rb ###
# True -> number (0, 21 ---), Faise -> nil

pro_seq = "MLAVGAMEGTRQSAFLLSSP\nPLAALHSMAEMKTPLYPAAYPP"

print('pro_seq =', "\n" )
print(pro_seq)
print("\n\n")

print('Pattern_1 = ')
p pro_seq =~ /\AMLA/
print("\n")

print('Pattern_2 = ')
p pro_seq =~ /\APLA/
print("\n")
```

```
print('Pattern_3 = ')
p pro_seq =~ /^MLA/
print("\n")

print('Pattern_4 = ')
p pro_seq =~ /^PLA/
print("\n")
```

文字列の先頭に関する正規表現と同様に，末尾は「\z」と「$」を使います．ここでも，「\z」は文字列の末尾に使用し，「$」は各行の末尾に対して使用します．

では，具体的な使い方をみてみましょう．

```
### File-name: sample-hensu-5-6.rb ###
# True -> number (0, 21 ---), Faise -> nil

pro_seq = "MLAVGAMEGTRQSAFLLSSP\nPLAALHSMAEMKTPLYPAAYPP"

print('pro_seq =', "\n" )
print(pro_seq)
print("\n\n")

print('Pattern_1 = ')
p pro_seq =~ /YPP\z/
print("\n")

print('Pattern_2 = ')
p pro_seq =~ /SSP\z/
print("\n")

print('Pattern_3 = ')
p pro_seq =~ /YPP$/
print("\n")

print('Pattern_4 = ')
p pro_seq =~ /SSP$/
print("\n")
```

正規表現：そのほかの規則

これまで紹介した以外の正規表現について表 7.3 にまとめておきます．

また，このほかにも，正規表現の「/ /」の 2 つ目の「/」の後につけるオプションがあります (表 7.4)．

表 7.3　正規表現

記号	特　徴
\w	アルファベットと数字
\W	アルファベットと数字以外 (\w の逆)
\d	数字
\D	数字以外 (\d の逆)
\s	空白 (スペース)
\S	空白 (スペース) 以外 (\s の逆)
\b	単語の区切り 例：「/for/」だと for, forward, before などが対応するが 「/for\b/」ならば for だけとなる

表 7.4　正規表現のオプション

記号	特　徴
/i	アルファベットの大文字と小文字を区別しない
/s	「.」を改行文字とマッチさせる
/m	複数行の文字列として扱う

正規表現：使い方のコツ

ここまで，正規表現の使い方について説明してきましたが，実際のプログラムの中で複雑なパターンを認識するための正規表現を記述するコツを紹介します．

制限酵素 DraII は，このような切断配列をもっています (「5' RGĜNCCY 3'」)．この配列に対する正規表現を記述する際に，いきなり難しい正規表現を探すのではなく，簡単なものから順番に考えてみてください．

まず可能ならば，この酵素が認識する配列すべてを書き出してみます．

「AGGACCT，GGGACCC，－－－，GGGCCCT」

次に，ここから「/[AG]GG[ATGC]CC[CT]/」という正規表現を作ります．さらに，繰り返しの部分をまとめて，「/[AG]G2[ATGC]C2[CT]/」のように正規表現を記述することが可能です．もう少し単純な正規表現にすることができるかもしれませんが，省略しすぎて間違えることもあるので気をつけてください．

8

条件分岐と繰り返し

8.1 「if」による条件分岐と「for」による繰り返し

ここでは,「if」による条件分岐と「for」による繰り返しを使って, DNA の解析をしてみましょう.「if」と「for」をプログラムの中で使用できるようになると, プログラミングの自由度がかなり広がります.

条件分岐「if」の使い方

「if」の基本的な形をみてみましょう.

```
if 条件
  処理
end
```

このように,「if」の隣に条件を記述します.

例えば,「DNA 配列の A がある場合」という条件は以下のように記述します.

```
if dna_ch == 'A'
  処理
end
```

「if」の条件を記述する**論理演算子**を表 8.1 にまとめます.

これらの論理演算子のほかに, 正規表現を条件として用いることも可能です.

```
if dna_ch =~ /[AC]/
  処理
end
```

「if」を使って条件を複数列挙するには, 以下のような方法があります.

```
if 条件 (1)
  処理 (1)
elsif 条件 (2)
  処理 (2)
else
  処理 (3)
end
```

表 8.1　論理演算子の記号

記号	意味する条件
==	左辺と右辺が同等
<	左辺が右辺よりも小さい
<=	左辺が右辺以下
>	左辺が右辺よりも大きい
>=	左辺が右辺以上
&&	かつ「and」の意味
||	または「or」の意味
!	否定

「for」による繰り返し

「for」による繰り返しを使った記述方法は以下のようになります．

```
for 変数 in 初期値..終了値
   繰り返し処理
end
```

このように「for」を使って記述すると，初期値～終了値まで 1 つずつ変数の値を増やしながら，繰り返し処理を行っていきます．

では，「for」による繰り返しと「if」を使って，DNA の分析を行うプログラムを作成してみましょう．新しい項目もいくつか使用しているので，後で説明します．

```
### File-name: dna-analysis-1.rb ###

## p で始まる行はデバッグ用です

# 改行を除いた配列ファイルの作成
File.open('sample-out.data', 'w'){|out_file_name|

   text = File.read('dna-5-1.data')

   text_1 = text.gsub("\n", "")

   out_file_name.print(text_1)

}

# 改行を除いた配列の文字数を取得
string = File.read('sample-out.data')
```

```
seq_num = string.length

## p 'seq_num ='
## p seq_num

# DNA 配列からの a, t, g, c の割合を分析

a_num = 0    # a, t, g, c それぞれ
t_num = 0    # 文字数を格納する
g_num = 0    # 変数を初期化
c_num = 0

string_2 = File.open('sample-out.data')

## p 'string_2.pos ='
## p string_2.pos

# for とポインタを使って DNA 配列をすべて読み取る
# i のはじまりは 0 から
for i in 0..seq_num-1

   # ポインタを i+1 番目の文字へ移動
   string_2.seek(i)

## p string_2.pos

   # 1 文字だけ配列を取得
   dna_w = string_2.read(1)

   # DNA が a のとき
   if dna_w == 'a'

      # 変数 a_num を 1 増加
      a_num = a_num + 1

   elsif dna_w == 't'

      t_num = t_num + 1

   elsif dna_w == 'g'

      g_num = g_num + 1

   # c が最後に残るので
   else

      c_num = c_num + 1

   end

end
```

```
## p a_num
## p t_num
## p g_num
## p c_num
75
# a, t, g, c の割合を計算
a_per = (a_num.to_f / seq_num.to_f) * 100.0
t_per = (t_num.to_f / seq_num.to_f) * 100.0
g_per = (g_num.to_f / seq_num.to_f) * 100.0
80 c_per = (c_num.to_f / seq_num.to_f) * 100.0

# DNA 配列中の a, t, g, c の割合を%表示
# printf による浮動小数点表示に注意
print('DNA 配列中の a の割合は, ')
85 printf("%5.1f", a_per)
print('% です. ', "\n")

print('DNA 配列中の t の割合は, ')
printf("%5.1f", t_per)
90 print('% です. ', "\n")

print('DNA 配列中の g の割合は, ')
printf("%5.1f", g_per)
print('% です. ', "\n")
95
print('DNA 配列中の c の割合は, ')
printf("%5.1f", c_per)
print('% です. ', "\n")
```

このプログラムを実行すると，ファイル「dna-5-1.data」から読み込んだ DNA 配列から，解析に不要な「\n」(改行) を取り除いたデータを，ファイル「sample-out.data」に書き出します (5〜14 行目).

次に，DNA 配列の長さを取得し，「a, t, g, c」の 4 種類の数を数えるための変数を初期化しています (16〜29 行目).

さらに，「for」を使った繰り返しの中で，**ファイルポインタ**に関連するメソッド「seek」を利用して DNA 配列の先頭から最後まで，「if」を使って「a, t, g, c」の数を数えていきます (36〜69 行目).

最後に，「a, t, g, c」の割合を計算し，「printf」を使って数値の桁数を揃えた出力をしています (76〜98 行目).

このプログラム「dna-analysis-1.rb」の中では，ファイルポインタによるファイルの読み込み操作と，「printf」による数値の出力が，新しい手法として出てきています.

ファイルポインタによるファイル操作

まず，ファイルポインタによるファイルの読み込みから説明しましょう．31 行目の

```
string_2 = File.open('sample-out.data')
```

によって，変数「string_2」に，ファイル「sample-out.data」の先頭を示すファイルポインタの値として 0 が渡されます (33，34 行目のコメントをはずして確かめてみてください)．

```
## p 'string_2.pos ='
## p string_2.pos
```

また，41 行目の

```
  string_2.seek(i)
```

によってファイルの中の i 番目の文字を示すことになります．「seek(i)」は，ファイルの先頭から $i-1$ 番目の文字に，ファイルポインタを移動する命令です．

「printf」について

プログラム「dna-analysis-1.rb」の 84～98 行目では，「printf」を利用して数値の表示が実行されています．

```
print('DNA 配列中の a の割合は，')
printf("%5.1f", a_per)
print('% です．', "\n")
```

「printf」は文字・数字の形式を整えて出力するメソッドですが，ここでの使い方のように数値の出力，特に**浮動小数点**の表示に使用します．

その使い方は

```
printf(形式 1, 形式 2, ---, 出力 1, 出力 2, ---)
```

のように先に出力形式を記述して，その後に出力する値や変数を記述していきます．形式の記述は「%5.1f」などのように，「%」の後に数値の形式を決める数字を記し，最後に浮動小数点であることを示す「f」をつけます．数値は「n.m」のように記し，全体で n のうち小数点以下が m 桁を示します (表 8.2)．

表 8.2 「printf」による数値表現

表　記	表示される値	注意点
`"%8.3f", 200.36`	`" 200.360"`	8 桁のうち 3 桁が小数点以下，右揃え
`"%-8.3f", 200.36`	`"200.360 "`	マイナス「-」をつけると左揃え
`"%08.3f", 200.36`	`"0200.360"`	ゼロ「0」をつけると 整数の上の桁を 0 で埋める
`"%8.1f", 200.36`	`"   200.4"`	小数点以下は指定した数に 合わせて四捨五入
`"%+8.3f", 200.36`	`"+200.360"`	プラス「+」をつけると＋－を常につける

メモ：ファイルポインタについて

ファイルポインタは，「変数 = File.open('ファイル名')」で代入された変数に渡されるもので，現在，ファイルのどこを示しているかがわかります．いま，変数が示しているポイントを提示するのが，「変数.pos」になります．また，ファイルの先頭 (ファイルポインタ：0) から n 個移動させるには，「変数.seek(n-1)」を用います．

ほかにもファイルポインタに関するメソッドはあるのですが，それらに関しては Ruby の解説ウェブページを参考にしてください[1]．

メモ：「printf」の形式について

「printf」に使用される形式を記述する方法は，上記にあげた浮動小数点「f」のほかに，「e」(指数表示)，「b」(2 進数表示) などがあります．「printf」の形式に関しては，Ruby の解説ウェブページを参考にしてください[2]．

1) http://www.ruby-lang.org/ja/man/html/IO.html
2) http://www.ruby-lang.org/ja/man/html/sprintf_A5D5A5A9A1BCA5DEA5C3A5C8.html

8.2 いろいろな条件分岐と繰り返し，メソッド

「if」による条件分岐と「for」による繰り返しのほかに，条件分岐と繰り返しを記述する方法がいくつかあります．ここでは，「case-when」を使った条件分岐と，「while」を使った繰り返しについて説明しましょう．ほかに，プログラムのまとまった処理をメソッドとして扱う方法についても解説します．

条件分岐「case-when」の使い方

条件分岐「case-when」の基本的な記述の仕方は以下のようになります．

```
case 変数

when 条件 (1)

  処理 (1)

when 条件 (2)

  処理 (2)

when 条件 (3)

  処理 (3)

end
```

このように，「変数 == 条件」のときに，その下に記述されている処理が実行されます．

このほかに，条件を複数並べることもできます．この場合は，「変数 == 条件 (1-1) or 変数 == 条件 (1-2)」という意味になります．

```
case 変数

when 条件 (1-1), 条件 (1-2)

  処理 (1)

when 条件 (2-1), 条件 (2-2)

  処理 (2)

when 条件 (3-1), 条件 (3-2)

  処理 (3)

end
```

「case-when」を使った条件分岐は，条件が数多くあるときにシンプルに記述することが可能です．

「while」による繰り返し

「while」による繰り返しは「for」とは違い，繰り返しを続けるための条件を記述します．基本的な記述の仕方は以下のようになります．

```
while 条件
  処理
end
```

このように，条件が「真」の間は繰り返しが実施されます．

ここで，プログラム「dna-analysis-1.rb」(78 ページ) を，「while」と「case-when」を使って書き換えてみましょう．

```
### File-name: dna-analysis-2.rb ###

## p で始まる行はデバッグ用です

### メソッド定義
# DNA 解析の計算結果を出力するためのメソッド
def result(dna_w, dna_num, dna_sum)

  dna_per = (dna_num.to_f / dna_sum.to_f) * 100.0

  print('DNA 配列中の ', dna_w, ' の割合は，')
  printf("%5.1f", dna_per)
  print('% です． ', "\n")

end

### メインプログラム
# 改行を除いた配列ファイルの作成
File.open('sample-out.data', 'w'){|out_file_name|

  text = File.read('dna-5-1.data')

  text_1 = text.gsub("\n", "")

  out_file_name.print(text_1)

}

# 改行を除いた配列の文字数を取得
string = File.read('sample-out.data')

seq_num = string.length

## p 'seq_num ='
```

```
## p seq_num

# DNA 配列からの a, t, g, c の割合を分析

a_num = 0    # a, t, g, c それぞれ
t_num = 0    # 文字数を格納する
g_num = 0    # 変数を初期化
c_num = 0

string_2 = File.open('sample-out.data')

## p 'string_2.pos ='
## p string_2.pos

# while とポインタを使って DNA 配列をすべて読み取る
# i のはじまりは 0 から
i = 0
while i < seq_num

   # ポインタを i+1 番目の文字へ移動
   string_2.seek(i)

## p string_2.pos

   # 1 文字だけ配列を取得
   dna_w = string_2.read(1)

#  # next と break の使用方法を確かめるため
#  if dna_w == 'a'
#
#   # i を増やす
#   i = i + 1
#
#  # next と break どちらか 1 行ずつ実行
#   next
#  # next と break どちらか 1 行ずつ実行
#   break
#
#  end

   case dna_w

   when 'a'

      # 変数 a_num を 1 増加
      a_num = a_num + 1

   when 't'

      # 変数 t_num を 1 増加
      t_num = t_num + 1
```

```
87       when 'g'
88 
89          # 変数g_numを1増加
90          g_num = g_num + 1
91 
92       when 'c'
93 
94          # 変数c_numを1増加
95          c_num = c_num + 1
96 
97       end
98 
99       # iを増やす
100      i = i + 1
101 
102   end
103 
104   ## p a_num
105   ## p t_num
106   ## p g_num
107   ## p c_num
108 
109   # a, t, g, cの割合を計算，表示
110   result('a', a_num, seq_num)
111   result('t', t_num, seq_num)
112   result('g', g_num, seq_num)
113   result('c', c_num, seq_num)
```

このプログラムでは，「while」と「case-when」を使った，DNA解析の計算が実施されています(52〜102行目)．繰り返しの数をカウントする変数「i」を0に設定し(51行目)，「i」がDNA配列の長さより小さい間は，「while」による繰り返しを続けます(52行目)．

その後に，ファイルポインタを使って$i-1$番目のDNA配列を1文字取得し(55〜60行目)，「case-when」を使って，「a, t, g, c」のそれぞれの文字数を数えます(75〜102行目)．60行目で使用されている「.read(1)」は，ファイルポインタの位置から1文字だけ読み込むことを記述しています．

最後に，メソッド定義されたメソッド「result」(5〜15行目)を使って，計算結果を表示します．このメソッド「result」を使うと，プログラム「dna-analysis-1.rb」の82行目以降にある結果表示のための繰り返し部分を1つにまとめることができ，プログラムがすっきりします．

メソッドという名前はこれまで何度も出ていますが，ある一連の処理をまとめて，メインプログラムから呼び出すようにしたもので，サブルーチンなどと言われているものと働きは似ています．クラスに属するメソッドとしての使い方が本来の使用方法ですが，このようにメソッド定義だけで使用することも可能です．

メソッド定義の仕方

基本的なメソッド定義の方法はこのようなものです．

```
# メソッド定義
def メソッド名 (変数_1, 変数_2, ---)

  処理

  return 戻り値，または変数など

end

# メインプログラム
変数 (3) = メソッド名 (変数_1, 変数_2, ---)
```

メソッドをメインプログラムから呼び出すときに，変数も一緒にこのメソッドに渡し，「return」を使ってメソッドからメインプログラムに返す値を記述します．

このほかに，プログラム「dna-analysis-2.rb」のメソッド「result」で定義したように，「return」を使用しない方法や，メソッドに変数を渡さない方法もあります．

```
# メソッド定義
def メソッド名

  処理

end

# メインプログラム
メソッド名
```

メソッドを記述する位置は，メインプログラムが始まる前に記すのが一般的ですが，ほかのメソッド用ファイルを作成して記述しておくこともできます (10 章参照)．これらの方法については，後述するプログラムの中で実際に使いながら説明します．

> **メモ：上記以外の条件分岐と繰り返しについて**
>
> 「if」「case-when」による条件分岐と「for」「while」による繰り返しについて説明しましたが，それ以外にも条件分岐ならば「unless」，繰り返しならば「times メソッド」「until」などが存在します．
>
> 詳しいことは Ruby の解説ウェブページを参考にしてください[3]．

3) http://www.ruby-lang.org/ja/man/html/_C0A9B8E6B9BDC2A4.html

繰り返しを制御する「next」と「break」

プログラム「dna-analysis-2.rb」の 62～73 行目には，繰り返しを制御する「next」と「break」の使い方を確かめる方法が記述されています.

「next」はその繰り返しループを 1 回スキップすることができ,「break」はその繰り返しループを終わらせることになります. 条件分岐などと組み合わせると，繰り返しループを様々に制御できます (これらの働きを確かめたいときには，コメントをはずして実行してください).

9

配列とハッシュ

9.1 配列とその使用方法

配列とはコンピュータのメモリの中で，連続した領域にデータの格納場所を確保したもので，表計算ソフトの縦1列または，横1行のようなものをイメージしてもらえるとよいでしょう (図 9.1).

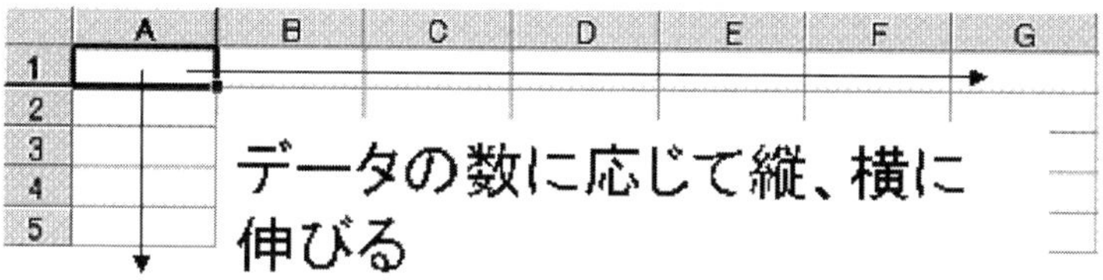

図 9.1 配列のイメージ

このように連続したメモリ領域を確保することによって，繰り返し処理のような連続的なデータ処理に威力を発揮します.

配列を操作する方法

配列を使用するには，次のように変数と同様に名前をつけて作成します．配列の各データは文字列でも数値でも構いません.

```
hairetsu_1 = []

hairetsu_2 = [1, 2, 3]

hairetsu_3 = ['abc', 'def', 'ghi']
```

配列のそれぞれのデータにアクセスするには，「配列名 [番号]」で記述します．配列の一番最初は 0 番で，順番に 1 ずつ増えていきます．また，− 1, − 2, ⋯ とマイナスで数が増えると，− 1 が一番最後のデータを示し，1 つずつ最初のデータへ戻っていきます.

```
### File-name: hairetsu-1.rb ###

hairetsu_1 = ['abc', 'def', 'ghi', 'jkl',
              'mno', 'pqr', 'stu', 'vwx', 'yz']

p hairetsu_1[0]      #=> "abc"

p hairetsu_1[1]      #=> "def"

p hairetsu_1[-1]     #=> "yz"

p hairetsu_1[-2]     #=> "vwx"
```

バイオインフォマティクスでよく使用される配列の使い方は，「split」というメソッドを使い，文字列を一定の区切り文字で区切りながら，配列の各データに入力する方法です．

```
### File-name: hairetsu-2.rb ###

str_1 = 'protein:DNA:RNA'

hairetsu_1 = str_1.split(":")

p hairetsu_1          #=> ["protein", "DNA", "RNA"]

p hairetsu_1.size     #=> 3
```

このように，区切りとして指定する文字を「split("区切り文字")」として記述すれば，その文字を区切り文字として認識して，配列の各データに入力することができます．また，「配列名.size」は配列のサイズ (データの数) を返してくれるメソッドです．

逆に，配列の各要素を区切り文字を指定して連結させるには，「join("区切り文字")」と記述します．

```
### File-name: hairetsu-2-2.rb ###

hairetsu_1 = ["protein", "DNA", "RNA"]

str_1 = hairetsu_1.join(":")

p str_1    #=> "protein:DNA:RNA"
```

配列へのデータの追加を制御するメソッドを使ったプログラムを作成してみましょう．

```
### File-name: hairetsu-3.rb ###

hairetsu_1 = ['protein', 'DNA', 'RNA']

p hairetsu_1    #=> ["protein", "DNA", "RNA"]
```

```
7  hairetsu_1.push('Genome')    # 配列の最後にデータを追加
9  p hairetsu_1    #=> ["protein", "DNA", "RNA", "Genome"]
11 data_1 = hairetsu_1.pop    # 配列の最後からデータを取り出す
13 p hairetsu_1    #=> ["protein", "DNA", "RNA"]
15 p data_1    #=> "Genome"
17 hairetsu_1.unshift('Genome')
19 p hairetsu_1    #=> ["Genome", "protein", "DNA", "RNA"]
21 data_2 = hairetsu_1.shift
23 p hairetsu_1    #=> ["protein", "DNA", "RNA"]
25 p data_2    #=> "Genome"
```

このプログラムでは，「push(データ)」は配列の最後にデータを追加し (7 行目)，逆に，「pop」は配列の最後の要素を取り出してくれます (11 行目)．また，「unshift(データ)」は配列の先頭にデータを追加し (17 行目)，逆に，「shift」は配列の先頭からデータを取り出します (21 行目)．

このほかに，知っておくと便利な配列の操作として「sort」と「reverse」があります．

```
1  ### File-name: hairetsu-4.rb ###
3  hairetsu_1 = [7, 9, 4, 1, 3, 6, 2, 5, 0, 8]
5  p hairetsu_1.sort    #=> [0, 1, 2, 3, 4, 5, 6, 7, 8, 9]
7  hairetsu_2 = ['protein', 'DNA', 'RNA']
9  p hairetsu_2.sort       #=> ["DNA", "RNA", "protein"]
11 p hairetsu_2.reverse    #=> ["RNA", "DNA", "protein"]
13 p hairetsu_2            #=> ["protein", "DNA", "RNA"]
```

「sort」を使用すると，配列の要素をデータに従って昇順に並び替えた配列を返してくれます (5 行目)．配列の要素が数値の場合だけでなく，文字列の場合も同様です (9 行目)．また，「reverse」は配列を完全に逆にした配列が戻り値となります (11 行目)．

どちらのメソッドも，もとの配列を破壊することはありません (メモ：破壊的メソッド「!」，67 ページ参照)．

配列を使ったcDNAからタンパク質への翻訳

ここで，配列を利用して与えられるcDNAから，タンパク質へ**翻訳**するプログラムを作成してみましょう．まず，DNAの遺伝暗号を特定のアミノ酸に対応させる**コドン表**についてみてみます(表9.1)．DNAは「A，T，G，C」の4種類しかないので，20種類あるアミノ酸とcDNAからタンパク質への翻訳終了を表す，**終止コドン**の21種類を表すには2文字で1組(16通り)では足りず，3文字で1組(64通り)を最小単位(**コドン**とよびます)とします．

そのため，1種類のアミノ酸に対して複数種のコドンが対応しており，この対応がコドン表に記されています．この対応は生物全般にわたるものとなっています[1)]．

表 9.1 コドン表

<table>
<tr><td colspan="3"></td><td colspan="8">2文字目</td><td colspan="2"></td></tr>
<tr><td colspan="3"></td><td colspan="2">U</td><td colspan="2">C</td><td colspan="2">A</td><td colspan="2">G</td><td colspan="2"></td></tr>
<tr><td rowspan="16">1文字目</td><td rowspan="4">U</td><td>UUU</td><td rowspan="2">Phe (F)</td><td>UCU</td><td rowspan="4">Ser (S)</td><td>UAU</td><td rowspan="2">Tyr (Y)</td><td>UGU</td><td rowspan="2">Cys (C)</td><td>U</td><td rowspan="16">3文字目</td></tr>
<tr><td>UUC</td><td>UCC</td><td>UAC</td><td>UGC</td><td>C</td></tr>
<tr><td>UUA</td><td rowspan="2">Leu (L)</td><td>UCA</td><td>UAA</td><td rowspan="2">Stop</td><td>UGA</td><td>Stop</td><td>A</td></tr>
<tr><td>UUG</td><td>UCG</td><td>UAG</td><td>UGG</td><td>Trp (W)</td><td>G</td></tr>
<tr><td rowspan="4">C</td><td>CUU</td><td rowspan="4">Leu (L)</td><td>CCU</td><td rowspan="4">Pro (P)</td><td>CAU</td><td rowspan="2">His (H)</td><td>CGU</td><td rowspan="4">Arg (R)</td><td>U</td></tr>
<tr><td>CUC</td><td>CCC</td><td>CAC</td><td>CUC</td><td>C</td></tr>
<tr><td>CUA</td><td>CCA</td><td>CAA</td><td rowspan="2">Gln (Q)</td><td>CGA</td><td>A</td></tr>
<tr><td>CUG</td><td>CCG</td><td>CAG</td><td>CGG</td><td>G</td></tr>
<tr><td rowspan="4">A</td><td>AUU</td><td rowspan="3">Ile (I)</td><td>ACU</td><td rowspan="4">Thr (T)</td><td>AAU</td><td rowspan="2">Asn (N)</td><td>AGU</td><td rowspan="2">Ser (S)</td><td>U</td></tr>
<tr><td>AUC</td><td>ACC</td><td>AAC</td><td>AGC</td><td>C</td></tr>
<tr><td>AUA</td><td>ACA</td><td>AAA</td><td rowspan="2">Lys (K)</td><td>AGA</td><td rowspan="2">Arg (R)</td><td>A</td></tr>
<tr><td>AUG</td><td>Met (M) Start</td><td>ACG</td><td>AAG</td><td>AGG</td><td>G</td></tr>
<tr><td rowspan="4">G</td><td>GUU</td><td rowspan="4">Val (V)</td><td>GCU</td><td rowspan="4">Ala (A)</td><td>GAU</td><td rowspan="2">Asp (D)</td><td>GGU</td><td rowspan="4">Gly (G)</td><td>U</td></tr>
<tr><td>GUC</td><td>GCC</td><td>GAC</td><td>GGC</td><td>C</td></tr>
<tr><td>CUA</td><td>GCA</td><td>GAA</td><td rowspan="2">Glu (E)</td><td>GGA</td><td>A</td></tr>
<tr><td>GUG</td><td>GCG</td><td>GAG</td><td>GGG</td><td>G</td></tr>
</table>

この表をもとにして，与えられたcDNA配列からアミノ酸配列へ翻訳を実施するプログラムを作成してみましょう．コドン表の対応を実現するために，このプログラムでは正規表現を利用しています．少し長いプログラムになるので，アウトラインを記してから作成しましょう．

プログラム「dna-aa-1.rb」のアウトライン

1. ファイルからcDNA配列を読み込む

2. DNA配列の各DNAを配列の要素として代入

3. 3文字分ずつ配列に読み込んだDNAを呼び出し，コドン表に基づいてアミノ酸に翻訳(3通りの読み枠)

4. 結果を出力

1) コドン表ではRNAとアミノ酸の対応を記していますが，DNAとアミノ酸の対応の場合は，U(ウラシル)の代わりにT(チミン)を使用します．

```
### File-name: dna-aa-1.rb ###

### メソッド定義

# DNA からアミノ酸への翻訳 (メソッド 1)
# コドンの配列 codon を引数として受け取る
def dna2aa_1(codon)

  aa = ''

  if codon =~ /GC./i                # Alanine
    aa = 'A'
  elsif codon =~ /TG[TC]/i          # Cysteine
    aa = 'C'
  elsif codon =~ /GA[TC]/i          # Aspartic Acid
    aa = 'D'
  elsif codon =~ /GA[AG]/i          # Glutamic Acid
    aa = 'E'
  elsif codon =~ /TT[TC]/i          # Phenylalanine
    aa = 'F'
  elsif codon =~ /GG./i             # Glycine
    aa = 'G'
  elsif codon =~ /CA[TC]/i          # Histidine
    aa = 'H'
  elsif codon =~ /AT[TCA]/i         # Isoleucine
    aa = 'I'
  elsif codon =~ /AA[AG]/i          # Lysine
    aa = 'K'
  elsif codon =~ /TT[AG]|CT./i      # Leucine
    aa = 'L'
  elsif codon =~ /ATG/i             # Methionine
    aa = 'M'
  elsif codon =~ /AA[TC]/i          # Asparagine
    aa = 'N'
  elsif codon =~ /CC./i             # Proline
    aa = 'P'
  elsif codon =~ /CA[AG]/i          # Glutamine
    aa = 'Q'
  elsif codon =~ /CG.|AG[AG]/i      # Arginine
    aa = 'R'
  elsif codon =~ /TC.|AG[TC]/i      # Serine
    aa = 'S'
  elsif codon =~ /AC./i             # Threonine
    aa = 'T'
  elsif codon =~ /GT./i             # Valine
    aa = 'V'
  elsif codon =~ /TGG/i             # Tryptophan
    aa = 'W'
  elsif codon =~ /TA[TC]/i          # Tyrosine
    aa = 'Y'
  elsif codon =~ /TA[AG]|TGA/i      # Stop
    aa = '_'
```

```
  else                               # Error
    print("Bad codon", codon, "!!\n")
  end

  # 翻訳されるアミノ酸名を返す
  return aa

end


# 読み枠の繰り返し (メソッド 2)
# DNA 配列 dna_seq と読み枠 i を引数として受け取る
def codon_while(dna_seq, i)

  aa_seq = []

  # 読み枠の 3 文字目 dna_seq[i+2] がなくなるまで処理を繰り返す
  while dna_seq[i+2]

    # DNA 配列 3 文字分を取得
    codon = dna_seq[i] + dna_seq[i+1] + dna_seq[i+2]

    # メソッド dna2aa_1 を呼び出している
    aa = dna2aa_1(codon)

    # 翻訳したアミノ酸名を配列に追加
    aa_seq.push(aa)

    # 3 文字分 i を移動
    i = i + 3

  end

  # 翻訳したアミノ酸を返す
  return aa_seq

end


### メインプログラム

# ファイルからデータを取得
text = File.read('dna-5-1.data')

# 改行を除いた配列データの作成
text_1 = text.gsub("\n", "")

# DNA データを配列 dna_hairetsu_1 へ代入
dna_hairetsu_1 = text_1.split("")

# 読み枠 1 の翻訳後を出力
aa_seq_1 = codon_while(dna_hairetsu_1, 0)
```

```
105 aa_seq_str_1 = aa_seq_1.join('')
    print('aa_seq_1 = ', "\n")
    print(aa_seq_str_1, "\n")

    # 読み枠 2 の翻訳後を出力
110 aa_seq_2 = codon_while(dna_hairetsu_1, 1)
    aa_seq_str_2 = aa_seq_2.join('')
    print('aa_seq_2 = ', "\n")
    print(aa_seq_str_2, "\n")

115 # 読み枠 3 の翻訳後を出力
    aa_seq_3 = codon_while(dna_hairetsu_1, 2)
    aa_seq_str_3 = aa_seq_3.join('')
    print('aa_seq_3 = ', "\n")
    print(aa_seq_str_3, "\n")
```

このプログラム「dna-aa-1.rb」では，コドンをアミノ酸に翻訳するメソッド 1 (5 行目) と DNA 配列を 3 文字ずつ取得するメソッド 2 (63 行目) を利用して，見やすいプログラムになっています．特に，メソッド 2 の 76 行目においてメソッド 1 を呼び出していますが，このようにメソッドの内側でほかのメソッドを呼び出すことも可能です．

メソッド 1「dna2aa_1」(5～60 行目) では，コドン表をもとにして，20 種類のアミノ酸と，翻訳の終了を意味する**終止コドン**について正規表現を記述し，引数である 3 文字の DNA 配列と照合しています．例えば，アラニン (Ala) に対応するコドンは「GCT，GCC，GCA，GCG」なので，最初の 2 文字が「GC」で最後の 1 文字は「T，C，A，G」のどれでもよく，その正規表現は「/GC./」となります．

メソッド 2「codon_while」(63～89 行目) では，引数である DNA 配列「dna_seq」から，読み枠を示す「i，(0，1，2)」に従って，「while」により，DNA 配列を 3 文字ずつ取り出し，メソッド 1 を呼び出してアミノ酸へ翻訳結果をメインプログラムに返します (87 行目)．

メインプログラム (92～119 行目) では，DNA 配列をファイルから入力し (95 行目)，1 文字ずつ配列に代入します (100 行目)．

最後に，メソッド 1，メソッド 2 を使用して，読み枠ごとに DNA 配列をアミノ酸配列へ翻訳し，結果を出力しています (103 行目以降)．

「each」を使った配列の取扱い

プログラム「dna-aa-1.rb」(93 ページ) のメソッド 2 では，配列の各要素を呼び出すのに「while」を利用していますが (70 行目)，これ以外に，「each」メソッドを利用する方法があります．

「each」メソッドを使って配列の各要素を呼び出す方法は以下のようになります.

```
配列名.each{|要素名|
    各要素に対する処理
}
```

ここで,「|要素名|」は任意の名前で構いません.

「each」メソッドをプログラムの中で使用すると,「配列 [0]～配列 [最後]」を使用して,繰り返し処理を実行することが可能です.

```
### File-name: hairetsu-5.rb ###

hairetsu_1 = ['protein', 'DNA', 'RNA']

hairetsu_1.each{|elmt|
   p elmt    # 各要素を出力
}
```

このプログラム「hairetsu-5.rb」では,配列の各要素を順番に出力しています.

配列の「each」メソッドを使って,DNA 配列の各核酸の構成割合を計算したプログラム「dna-analysis-1.rb」(78 ページ) を書き換えてみましょう.

```
### File-name: dna-analysis-3.rb ###

### メソッド定義
# DNA 解析の計算結果を出力するためのメソッド
def result(dna_w, dna_num, dna_sum)

   dna_per = (dna_num.to_f / dna_sum.to_f) * 100.0

   print('DNA 配列中の ', dna_w, ' の割合は, ')
   printf("%5.1f", dna_per)
   print('% です. ', "\n")

end

### メインプログラム

# FASTA 形式の最初の行を保存する変数を初期化
fasta_name_1 = ""

# DNA 配列を保存する変数を初期化
dna_seq_1 = ""

# ファイルからデータを取得 (FASTA 形式)
File.open('dna-5-1.fasta'){|file_name|

   file_name.each{|line_data|
```

```
    if line_data =~ /^>/

      # 最初の行を改行を除いて保存
      fasta_name_1 = line_data.chomp

    else

      # DNA 配列を改行を除いて保存
      # "<<" :文字列を追加
      dna_seq_1 << line_data.chomp

    end

  }

}

# DNA データを配列 dna_hairetsu_1 へ代入
dna_hairetsu_1 = dna_seq_1.split("")

# DNA 配列の長さを取得
seq_num = dna_hairetsu_1.size

# DNA 配列からの a, t, g, c の割合を分析

a_num = 0    # a, t, g, c それぞれ
t_num = 0    # 文字数を格納する
g_num = 0    # 変数を初期化
c_num = 0

# each を使用して DNA 配列をすべて読み取る
dna_hairetsu_1.each{|dna_w|

  # DNA が a のとき
  if dna_w == 'a'

    # 変数 a_num を 1 増加
    a_num = a_num + 1

  elsif dna_w == 't'

    t_num = t_num + 1

  elsif dna_w == 'g'

    g_num = g_num + 1

  # c が最後に残るので
  else

    c_num = c_num + 1

```

```
80     end
81 
82   }
83 
84   # FASTA 形式の表示名を抽出
85   fasta_name_2 = fasta_name_1.sub(/^>/, '')
86 
87   # DNA 配列の長さを表示
88   print(fasta_name_2, ' の配列長 = ', seq_num, "\n")
89 
90   # a, t, g, c の割合を計算，表示
91   result('a', a_num, seq_num)
92   result('t', t_num, seq_num)
93   result('g', g_num, seq_num)
94   result('c', c_num, seq_num)
```

このプログラム「dna-analysis-3.rb」では，FASTA 形式のファイル「dna-5-1.fasta」を 1 行ずつ「each」を使って入力しています (26 行目).

次に，37 行目で入力した文字列を「<<」を使用して追加連結させています．文字列を連結させる方法としては「文字列1 + 文字列2」などの方法がありますが，「<<」は文字列の最後にほかの文字列を追加するときに使用する記述方法です.

さらに，連結させた DNA 配列を「split("")」を使って，1 文字ずつ配列「dna_hairetsu_1」の各要素へ代入し (46 行目)，「each」を使って 1 文字ずつ DNA の種類 (「a，t，g，c」) を判別し，数を数えています (59～82 行目).

最後に，その核酸成分の割合を表示するようになっていますが (90～94 行目)，メソッドを定義することや配列の「each」メソッドを使用することで，もとのプログラム「dna-analysis-1.rb」よりも見やすいプログラムとなっているはずです.

このように，プログラムを読みやすく記述することは重要なのですが，プログラミング初心者が最初に書いた状態から読みやすいプログラムを記述することは難しいはずです．しかし，この「DNA 分析プログラム」のように何度か訂正を加えて，読みやすいプログラムに近づけることはプログラミング技術の向上にも繋がりますので，ぜひ挑戦してみてください.

9.2 ハッシュ

(1) ハッシュとその使用方法

ハッシュは，配列と同じようにデータ格納領域をコンピュータのメモリに確保するものです．大きな違いは，配列の各要素を指定するには「配列 [番号]」のように番号を使用しますが，ハッシュは「ハッシュ [キー]」のように，**キー**とよばれる文字列などを使用します．

表計算ソフトの横 1 行にキーが記述されていて，その次の行に各データが格納されているようなものを，イメージしてもらうとよいでしょう (図 9.2).

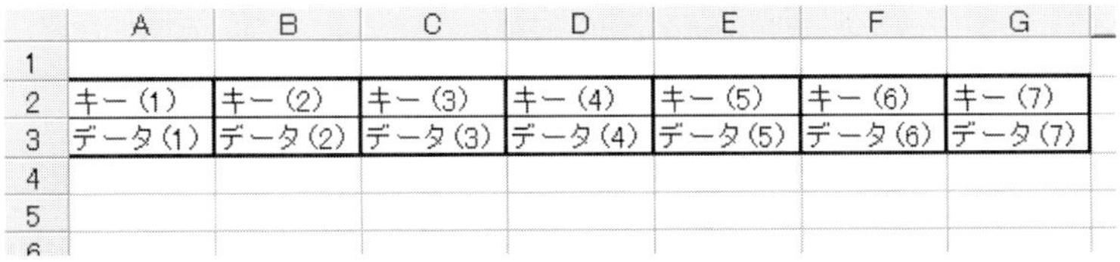

図 9.2 ハッシュのイメージ

ハッシュを操作する方法

ハッシュをプログラムの中で使用するには，「Hash.new」を記述することによってハッシュを初期化します．

```
### File-name: hasu-kaisetsu-1.rb ###

hash_1 = Hash.new

hash_1["DNA"] = "ATCG"

hash_1["RNA"] = "AUCG"

hash_1["AA"] = "ACDEFGHIKLMNPQRSTVWY"

p hash_1     #=> { "AA"=>"ACDEFGHIKLMNPQRSTVWY",
             #=>  "DNA"=>"ATCG", "RNA"=>"AUCG"}
```

または，「Hash.new」を使用せずに，直接ハッシュに値を代入していくことができます．

```
### File-name: hasu-kaisetsu-2.rb ###

hash_1 = {"DNA" => "ATCG", "RNA" => "AUCG",
          "AA" => "ACDEFGHIKLMNPQRSTVWY"}

p hash_1     #=> {"DNA" => "ATCG", "RNA" => "AUCG",
             #=>   "AA" => "ACDEFGHIKLMNPQRSTVWY"}
```

ハッシュに格納したデータを呼び出すには，キーを使います．

```
### File-name: hasu-kaisetsu-3.rb ###

hash_1 = {"DNA" => "ATCG", "RNA" => "AUCG",
          "AA" => "ACDEFGHIKLMNPQRSTVWY"}

p hash_1["DNA"]    #=> "ATCG"

p hash_1["RNA"]    #=> "AUCG"

p hash_1["AA"]     #=> "ACDEFGHIKLMNPQRSTVWY"
```

また，ハッシュに格納したデータを「each」を使ってすべて呼び出すと，キーとデータを**ブロック**の中で使うことができます．

```
ハッシュ名.each{|キー名, データ名|
    キー名, データ名を使った繰り返し処理
}
```

ハッシュに格納したデータを削除するには，「delete」メソッドを利用します．

```
### File-name: hasu-kaisetsu-4.rb ###

hash_1 = {"DNA" => "ATCG", "RNA" => "AUCG",
          "AA" => "ACDEFGHIKLMNPQRSTVWY"}

p hash_1

hash_1.delete("DNA")

p hash_1    #=> {"RNA" => "AUCG", "AA" => "ACDEFGHIKLMNPQRSTVWY"}
```

ハッシュを使った制限酵素地図の作成

このハッシュを利用して，DNA 配列の制限酵素地図を作成するプログラムを記述してみましょう．まず，アウトラインを記述してみます．

プログラム「dna-res-map-1.rb」のアウトライン

1. 制限酵素のデータをハッシュに格納 (キー：制限酵素名，データ：切断パターン)
2. DNA 配列をファイルから読み取る
3. 切断パターンを正規表現に変換
4. 正規表現に変換した制限酵素の切断パターンと DNA 配列を照合し，切断部位を特定
5. 制限酵素の切断部位を出力

```
### File-name: dna-res-map-1.rb ###

require 'strscan'

### メソッド定義

# 制限酵素のデータをハッシュに格納するメソッド
# 引数は制限酵素のデータを格納するハッシュと
# 読み取った 1 行分のデータ
def prs_rebase(res_data_hash, res_data)

  # 受け取った 1 行分の酵素データを分割
  res_data_arr_temp = res_data.split("\s")

  # 制限酵素名を取得
  res_name = res_data_arr_temp.shift

  # 制限酵素の切断パターンを保存する変数
  res_pat = ""

  # 最初の切断パターンを保存
  res_data_arr_temp.each{|data_tmp|

    # 括弧:( で始まらない要素
    if data_tmp !~ /^\(/
      res_pat = data_tmp
    end

  }

  # 制限酵素名をキーに，切断パターンをデータに保存
  res_data_hash[res_name] = res_pat

  # 制限酵素のデータを保存したハッシュを返す
  return res_data_hash

end


# 制限酵素の切断パターンの正規表現を作成するメソッド
# 引数は切断パターン
def make_cut_exp(cut_pat)

  # 切断パターンを正規表現に変えるためのハッシュ
  sub_cha = {

    "A" => 'A',
    "C" => 'C',
    "G" => 'G',
    "T" => 'T',
    "R" => '[GA]',
    "Y" => '[CT]',
```

```
    "M" => '[AC]',
    "K" => '[GT]',
    "S" => '[GC]',
    "W" => '[AT]',
    "B" => '[CGT]',
    "D" => '[AGT]',
    "H" => '[ACT]',
    "V" => '[ACG]',
    "N" => '[ACGT]',

  }

  # 切断パターンから"^"を取り除く
  cut_pat_ex = cut_pat.sub("^", "")

  # 切断パターンを 1 文字ずつ配列へ分解
  cut_pat_ex_arr = cut_pat_ex.split("")

  # 正規表現を保存する変数を初期化
  cut_pat_ex_fin = ""

  # 切断パターンを 1 文字ずつ正規表現に変える
  cut_pat_ex_arr.each{|ch|

    # ハッシュ sub_cha のキーとデータを呼び出す
    sub_cha.each{|dna_ch, dna_ch_exp|

      # ハッシュ sub_cha のキーと
      # 切断パターンの文字が同じとき
      if dna_ch == ch

        # 正規表現を追加していく
        cut_pat_ex_fin << dna_ch_exp
        break
      end
    }
  }

  # 切断部位の正規表現を返す
  return cut_pat_ex_fin

end


### メインプログラム

# 制限酵素のデータを格納するハッシュ
res_data_hash = Hash.new

# ファイルから制限酵素のデータを取得 (REBASE 形式)
File.open('link_proto.txt'){|file_name|
```

```
  file_name.each{|line_data|

    # 制限酵素のデータがない行は使用しない
    # 本来は 1 行で条件を記述するが，紙面の関係上 2 行になっている
    if line_data =~ /^[\s\t\n]/ or line_data =~ /^REBASE/
                          or line_data =~ /^Rich Roberts/
    else
      # 制限酵素のデータをハッシュ res_data_hash に追加
      res_data_hash = prs_rebase(res_data_hash, line_data.chomp)
    end
  }
}

# FASTA 形式の最初の行を保存する変数を初期化
fasta_name_1 = ""

# DNA 配列を保存する変数を初期化
dna_seq_1 = ""

# ファイルからデータを取得 (FASTA 形式)
File.open('dna-5-1.fasta'){|file_name|

  file_name.each{|line_data|

    # 最初の行を保存
    if line_data =~ /^>/
      fasta_name_1 = line_data.chomp

    # DNA 配列を追加
    else
      dna_seq_1 << line_data.chomp
    end
  }
}

# ハッシュ res_data_hash のキーとデータを
# each を使用してすべて呼び出す
# res_name: キー, cut_pat: データ
res_data_hash.each{|res_name, cut_pat|

  # 制限酵素の切断パターンの正規表現を
  # メソッド make_cut_exp を使って作成
  cut_exp = make_cut_exp(cut_pat)

  # StringScanner クラスのオブジェクトを作成するため
  # 本文中で説明
  s = StringScanner.new(dna_seq_1)

  # 制限酵素の切断パターンの正規表現に
  # マッチする位置を保存する配列
  s_pos = []
```

```
    # 制限酵素の切断パターンの正規表現にマッチする位置を
    # scan を使用してすべて取り出す
    while s.scan_until(/#{cut_exp}/i)
160   # 正規表現にマッチする位置を追加
      s_pos.push(s.pos)
    end

    # 制限酵素の認識部位を出力するブロック
165 print('制限酵素 ', res_name, " の認識部位は:\n")

    # 制限酵素の認識部位の長さ
    cut_pat_len = cut_pat.length

170 # s_pos に保存した認識部位の位置を出力する
    s_pos.each{|position_1|

      # scan は正規表現にマッチする認識部位の
      # 一番最後の位置を返すメソッドなので,
175   # DNA 配列の中での位置は以下のようになる
      position_2 = position_1 - cut_pat_len + 2
      print(position_2, "\s")

    }
180
    print("\n\n")

}
```

かなり長いプログラムになりましたが，コメントをできるだけ記述したので，データの流れを追いながらみていきましょう．

メソッドを呼び出す「require」

まず，3 行目の「require 'strscan'」ですが，同じプログラムファイル上にないメソッドでも使用できるようにするための記述方法です．通常は「require 'メソッドが記述されているプログラムファイル名'」と記述するのですが，Ruby プログラムのファイル名の拡張子である「.rb」を省略して記述しても構いません．

ここで注意して欲しいのですが，自分で作成したプログラムに対して「require」を使ってメソッドを呼び込む場合，そのプログラムファイルが置いてあるフォルダへの**相対パス**または**絶対パス**を記述するようにしてください．「'strscan'」は Ruby プログラムで用意してあるもので，151 行目で記述されている正規表現のマッチする位置を操作できる「StringScanner クラス」のメソッドを利用できるようにするものです．

制限酵素のデータベースについて

メソッド定義されている「prs_rebase」(10 行目) は，制限酵素のデータを保存するハッシュ「res_data_hash」と，制限酵素名と切断部位が記載されているデータファイルから 1 行ずつ入力する「res_data」を引数としています．

このデータファイルは，「The Restriction Enzyme Database」という制限酵素のデータベース[2)]で提供されているファイル「link_proto.txt」です．

ファイル「link_proto.txt」の内容

```
REBASE version 904                                          proto.904

=-=-=-=-=-=-=-=-=-=-=-=-=-=-=-=-=-=-=-=-=-=-=-=-=-=-=-=-=-=-=-=-=-=-=-=-
REBASE, The Restriction Enzyme Database   http://rebase.neb.com
Copyright (c)  Dr. Richard J. Roberts, 2009.   All rights reserved.
=-=-=-=-=-=-=-=-=-=-=-=-=-=-=-=-=-=-=-=-=-=-=-=-=-=-=-=-=-=-=-=-=-=-=-=-

Rich Roberts                                                Mar 31 2009



TYPE II ENZYMES
---------------

AarI                           CACCTGC (4/8)
AatII                          GACGT^C
AbsI                           CC^TCGAGG
AccI                           GT^MKAC
AceIII                         CAGCTC (7/11)
AciI                           CCGC (-3/-1)
AclI                           AA^CGTT
AcyI                           GR^CGYC
AflII                          C^TTAAG
AflIII                         A^CRYGT
AgeI                           A^CCGGT
AgsI                           TTS^AA
AhaIII                         TTT^AAA
AjuI                           (7/12) GAANNNNNNNTTGG (11/6)
AlfI                           (10/12) GCANNNNNNTGC (12/10)
AloI                           (7/12) GAACNNNNNNTCC (12/7)
AluI                           AG^CT

|
|     (以下省略)
|
```

ファイル「link_proto.txt」の内容をみると，1 行のデータに 1 種類の制限酵素名とその切断部位の情報が記されていますが，制限酵素のデータではない情報が記されている行と空白の行もあります．このため，メソッド「prs_rebase」では，ファイル「link_proto.txt」の内容を 1 行ずつ入力して，制限酵素の情報が記されている行から，ハッシュ「res_data_hash」に「キー：制限酵素名，データ：切断パターン」として情報を追加しています．

2) http://rebase.neb.com/rebase/rebase.html

メソッド「make_cut_exp」(42 行目) では，メソッド「prs_rebase」で取り出した制限酵素の切断パターンから，正規表現を作成しています．この正規表現を作成するためのハッシュ「sub_cha」は，「メモ：遺伝子の表現記号」(71 ページ参照) に記載されている表現記号をもとに記述されています．

「StringScanner クラス」について

メインプログラムでは，このプログラムと同じフォルダに置いてあるファイル「link_proto.txt」からハッシュ「res_data_hash」(100 行目) に，「キー：制限酵素名，データ：切断パターン」としてメソッド「prs_rebase」を使用して，情報を追加しています．

制限酵素のデータをハッシュに保存した後には，解析対象である DNA 配列が記述されているデータファイル「dna-5-1.fasta」を読み込んでいます (125 行目)．

その後に，ハッシュ「res_data_hash」のすべての要素を，「each」を使って呼び出しています (142 行目)．ここで，ハッシュに対して「each」を使用しているので，ブロックパラメータは 2 つになり「|キー，データ|」のように記述します．

151 行目の「StringScanner.new(文字列)」で作成したオブジェクトはそれに続く，「scan_until」「pos」でのメソッドを利用するためのものです[3]．

「scan_until」は正規表現でマッチした文字列の最後の位置まで移動するメソッドであり，「pos」は現在の文字列での位置を返すメソッドです．

159 行目の正規表現において「/#{cut_exp}/」と記していますが，変数を正規表現に使いたいときは，このように「#{ }」で囲むと使用できるようになります．

(2) ハッシュを使った簡易データ検索

ハッシュの応用として，GDBM クラスを使用する簡易データベースの使い方を紹介します．

GDBM は，簡易データベースをハッシュと同じ操作で使用できるようにしたクラスです[4]．ハッシュの「キー：キーワード」と「データ：ファイルの中の位置 (ポジション)」をデータベースファイルとして書き出し，必要な時にデータベースファイルからポジションを読み出して，もとのファイルのポジションから目的の情報を取り出すことができます (図 9.3)．

---

3) http://www.ruby-lang.org/ja/man/html/strscan.html

4) http://www.ruby-lang.org/ja/man/html/gdbm.html

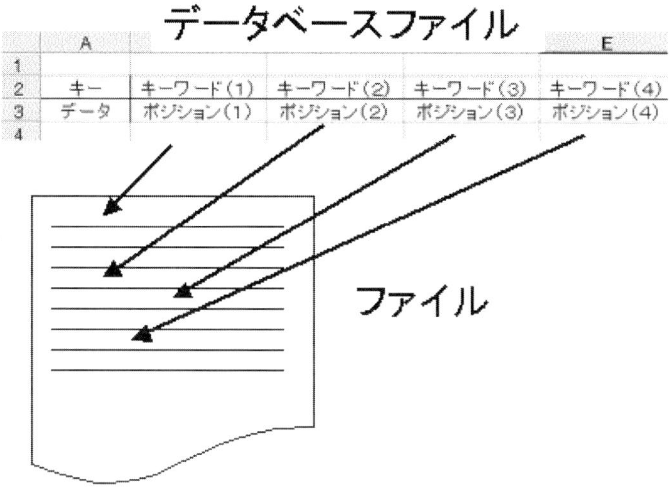

図 9.3 ハッシュを応用した簡易データベースのイメージ

簡易データベースを使ったファイルアクセスの方法は，ファイルの容量が大きくなると威力を発揮します．例えば，**DDBJ** (日本 **DNA** データバンク) で提供されている配列ファイルは 1 つのファイル容量が約 1.5GB の大きさで複数提供されています[5)]．

このような容量の大きいファイルをメモリに読み込んで処理を実行すると，コンピュータに負担がかかり，プログラムの実行速度が極端に遅くなることがあります．バイオインフォマティクスのデータファイルは，先ほどの DDBJ の配列ファイルのように容量が大きなことが頻繁にありますので，この簡易データベースを使ったファイルアクセスの方法はとても便利な方法です．

簡易データベースによるファイルを操作する方法

GDBM クラスを使用する簡易データベースの操作方法は，以下のようになります．

```
# gdbm を呼び出す
require 'gdbm'

# データベース
db = GDBM.open('データベース名')

# データファイル
lib_file = File.open("データファイル名")

```

5) ftp://ftp.ddbj.nig.ac.jp/ddbj_database/ddbj/ddbjrel.txt

```
##### データベースの更新をしないときは
##### コメントアウト (ここから)

# ファイルポインタの初期値保存
offset = lib_file.pos

# " " の中に区切り文字を記述する
lib_file.each("\n"){|block|

   id = ファイルのデータを探すキーワード
         #(キーワードは重複しないように)

   # データベースに追加できるデータは文字列だけ
   db[id] = offset.to_s

   # 次の区切り文字のためのファイルポインタの値を保存
   offset = lib_file.pos

}
##### データベースの更新をしないときは
##### コメントアウト (ここまで)

### データベースをキーで検索

# プログラムの実行命令と同時に変数も取得
key_tmp = ARGV[0]
key = key_tmp.chomp

fh = db[key]

if fh
   # キーワードをデータベースから探し
   # ファイルポインタを移動
   lib_file.seek(fh.to_i, IO::SEEK_SET)

   # 対応するデータを取得
   line_aa = lib_file.gets("\n")

end
###

# 最後にデータベースとファイルを閉じる
db.close
lib_file.close
```

このように，簡易データベースはプログラムの記述が複雑になるのですが，実行処理の流れを解説してみましょう (後ほど，この基本構造をもとに実際のプログラムを作成します．変数の名前などは実際のものを使用しています)．

「require 'gdbm'」で，GDBM クラスのメソッドを利用できるようにしています (2 行目).「GDBM.open」を用いてデータベースがつくられ，これと同時に簡易データベースのファイルが作成されます (5 行目). 次に,「File.open("データファイル名")」によって，データを読み込むファイルが開かれ，後の操作に渡されます (8 行目).

データファイルの「キー：キーワード，データ：ポジション」を要素にして，簡易データベース「db」へ追加していきます (13〜28 行目). 区切り文字は改行「"\n"」だけでなくほかの文字 (「"//\n"」など) でも可能です (17 行目). 26 行目でファイルポインタの値を代入しています.

「ARGV[0]」は，プログラムを実行させると同時に，変数を入力するために記述しています (35 行目). 入力時に

```
ruby プログラム名　変数0　変数1　変数4 - - -
```

のように入力すると,「ARGV[整数]」でプログラム実行時に値を入力することができます (「ARGV」は配列と同じようなものだと考えてください).「fh = db[key]」と記述することで，先に作成したデータベースから「key」に対応するデータがあるか照合します (38 行目).

ここで，対応するデータが存在したとき，そのファイルポインタの位置を取得します (40 行目以下).「IO::SEEK_SET」は,「seek(ポジション, IO::SEEK_SET)」で表示する位置までファイルポインタを移動させるものです[6] (43 行目).

最後に,「db.close」と「lib_file.close」でデータベースとファイルを閉じて終わります.

✐ メモ：標準入力からの入力操作

「ARGV[整数]」はプログラム実行時の入力を受け取るものですが，このほかにプログラムの実行途中で入力を受け取る方法もあります.

「STDIN」がその記述方法で，例えば,「input = STDIN.chomp」のように記しておくと，プログラムの途中でもキーボードなどの入力装置から入力することが可能です[7].

6) http://www.ruby-lang.org/ja/man/html/IO.html
7) http://www.ruby-lang.org/ja/man/html/_C1C8A4DFB9FEA4DFCAD1BFF4.html

簡易データベースを使った，制限酵素の切断部位を同定するプログラムの作成

GDBM による簡易データベースを利用して，プログラム「dna-res-map-1.rb」(101 ページ) を少し変更したプログラムを作成してみましょう．アウトラインは以下のようになります．

プログラム「dna-res-map-2.rb」のアウトライン

1. 制限酵素のデータを GDBM を利用してデータベースに格納 (キー：制限酵素名，データ：ファイルの中の位置)

2. DNA 配列をファイルから読み取る

3. 制限酵素を指定してデータベースからデータを呼び出し，切断パターンを正規表現に変換

4. 正規表現に変換した制限酵素の切断パターンと DNA 配列を照合し，切断部位を特定

5. 制限酵素の切断部位を出力

```
### File-name: dna-res-map-2.rb ###
# 'strscan'と'gdbm'を呼び出す
require 'strscan'
require 'gdbm'

### メソッド定義
# 制限酵素の切断パターンの正規表現を作成するメソッド
# 引数は切断パターン
def make_cut_exp(cut_pat)
   sub_cha = {
      "A" => 'A',
      "C" => 'C',
      "G" => 'G',
      "T" => 'T',
      "R" => '[GA]',
      "Y" => '[CT]',
      "M" => '[AC]',
      "K" => '[GT]',
      "S" => '[GC]',
      "W" => '[AT]',
      "B" => '[CGT]',
      "D" => '[AGT]',
      "H" => '[ACT]',
      "V" => '[ACG]',
      "N" => '[ACGT]',
   }

   cut_pat_ex = cut_pat.sub("^", "")
   cut_pat_ex_arr = cut_pat_ex.split("")
   cut_pat_ex_fin = ""
```

```
    cut_pat_ex_arr.each{|ch|
        sub_cha.each{|dna_ch, dna_ch_exp|
            if dna_ch == ch
                cut_pat_ex_fin << dna_ch_exp
                break
            end
        }
    }
    return cut_pat_ex_fin
end

### メインプログラム
# データベース用ファイルを作成
db = GDBM.open('DB_BIONET')

# 制限酵素のデータファイルを開く
        # Unix 環境では"link_bionet-uni.txt"
lib_file = File.open("link_bionet-dos.txt")

##### データベースの更新をしないときは
##### コメントアウト (ここから)

# ファイルポインタの初期値保存
offset = lib_file.pos

# 改行ごとに"link_bionet-dos.txt"を処理
lib_file.each("\n"){|line|
    # 行をスペースで分割して配列 column へ格納
    column = line.split("\s")
    # column の先頭
    id = column[0]
    # 制限酵素のデータでない行は使用しない
    # 実際は 1 行で記述する
    if id == nil or id == "REBASE" or id == "Copyright"
                        or id == "Rich" or id =~ /=/
    else
        # GDBM のキーとデータ要素は文字列でないといけない
        db[id] = offset.to_s
    end
    # 現在のファイルポインタの値を保存
    offset = lib_file.pos

    print("DB 作成中\n")
}
##### データベースの更新をしないときは
##### コメントアウト (ここまで)

# 入力した制限酵素名でデータベースを検索
key_tmp = ARGV[0]
key = key_tmp.chomp

# 制限酵素名に対応したデータを取得
```

```
fh = db[key]

# REBASE データファイルから該当する
# 酵素データ行を保存する変数
line_res = ""

# データベースにデータが存在したら
if fh
  # 対応するデータを取得
  lib_file.seek(fh.to_i, IO::SEEK_SET)
  line_res = lib_file.gets("\n")
else
  # 該当する制限酵素名がなかった場合
  print("該当する制限酵素名はありません\n")
  # データベースとデータファイルを閉じる
  db.close
  lib_file.close
  # プログラムを終了
  exit!
end
###

# データベースとデータファイルを閉じる
db.close
lib_file.close

# FASTA 形式の最初の行を保存する変数を初期化
fasta_name_1 = ""

# DNA 配列を保存する変数を初期化
dna_seq_1 = ""

# ファイルからデータを取得 (FASTA 形式)
File.open('dna-5-1.fasta'){|file_name|
  file_name.each{|line_data|
    if line_data =~ /^>/
      fasta_name_1 = line_data.chomp
    else
      dna_seq_1 << line_data.chomp
    end
  }
}

# 制限酵素のデータを分割
res_name_exp_tmp = line_res.chomp.split("\s")

# 制限酵素名
res_name = res_name_exp_tmp[0]

# 制限酵素の切断パターン
cut_pat = res_name_exp_tmp[-1]
```

```
# 制限酵素の切断パターンの正規表現を
# メソッド make_cut_exp を使って作成
cut_exp = make_cut_exp(cut_pat)

s = StringScanner.new(dna_seq_1)

# 制限酵素の切断パターンの正規表現にマッチする位置を保存する配列
s_pos = []

# 制限酵素の切断パターンの正規表現にマッチする位置を
# scan を使用してすべて取り出す
while s.scan_until(/#{cut_exp}/i)
   s_pos.push(s.pos)
end

# 制限酵素の認識部位を出力するブロック
print('制限酵素 ', res_name, " の認識部位は:\n")

# 制限酵素の認識部位の長さ
cut_pat_len = cut_pat.length

# s_pos に保存した認識部位の位置を出力する
s_pos.each{|position_1|
   position_2 = position_1 - cut_pat_len + 2
   print(position_2, "\s")
}
```

このプログラムは「dna-res-map-1.rb」(101 ページ) を変更しているので，前出した点についてはプログラム中のコメントも省いてあります．

メモ：OS の違いによるファイルに関する問題

プログラム「dna-res-map-2.rb」の 48 行目で，Unix 環境ではファイル名を「"link_bionet-uni.txt"」と記しています．これは，Unix 系の OS で作成したファイルと Windows 系の OS で作成したファイルの場合，改行に用いる記号が違うので使い分けなくてはいけないからです．

具体的には，Windows 系では「CR+LF」，Unix 系では「LF」となります．この違いを補正してくれるコマンドが Unix 系 OS では用意されていて，Unix から Win では「unix2dos ファイル名」で，逆が「dos2unix ファイル名」です．詳しくは関連する資料やインターネットの情報を参考にしてみてください．

また，このプログラムを実行する場合は

```
ruby dna-res-map-2.rb  EcoRI
```

のように，ファイル名の後に，調べたい制限酵素名を入力してください．

メソッド「make_cut_exp」は，プログラム「dna-res-map-1.rb」と同様の内容となっています (9 行目).

メインプログラムでは，まず，データベース「'DB_BIONET'」(45 行目) とデータファイル「"link_bionet-dos.txt"」(49 行目) について開いています．

次に，データベースを作成するために，データファイルを 1 行ずつ読み込んで制限酵素名をキーにして，データベースにファイルポインタの位置を保存しています (54〜75 行目)．このとき，データベースに保存できるのはキーもデータも「文字列」でなければなりません．そこで，「to_s」メソッドを使っています (69 行目)．すでに，データベースを作成して内容を更新する必要がない場合は，51〜77 行目をコメントアウトしてください．

80 行目でメソッド「ARGV」を使って，プログラムの実行時に同時に入力した制限酵素名を読み込み，対応するデータがデータベースに存在したら (91 行目)，データベースを検索し，DNA 配列「dna-5-1.fasta」の制限酵素の切断部位を計算処理して出力しています．

10

モジュールの利用

これまで，メソッドを使ってプログラムの構造化を行い (86 ページ参照)，見やすく，わかりやすいプログラミングを作成してきました．このように，関連のあるメソッドを 1 つにまとめる方法が**モジュール**とよばれるものです．

モジュールの利用方法

モジュールを利用することによって，かつて作成した**メソッドの再利用**が可能となり，さらに，メインのプログラムは処理の流れがわかりやすくなります．

モジュールを記述する方法は以下のようなものです．

```
module モジュール名（大文字から始める）

  def メソッド名

5 end

  module_function :メソッド名

end
```

7 行目で「module_function :メソッド名」と記述することによって，メソッドをほかのプログラムから使用することが可能になります．

モジュール中のメソッドをプログラムから利用するときには様々な方法があるのですが，基本的な記述方法は以下のようにします．

```
require 'モジュールを含むファイル名'

include モジュール名      # この行はなくてもよい

# 下記はどれも同じ処理をする
モジュール名::メソッド名
モジュール名.メソッド名
メソッド名
```

1行目の「require 'モジュールを含むファイル名'」で，呼び出したいモジュールを含むファイルまでのパスを記述します(Rubyプログラムの拡張子「.rb」は省略可能).

3行目でモジュールを呼び出すために，「include モジュール名」と記述しています．しかし，この「include モジュール名」は記述しなくても，モジュールを作成したプログラムのファイルで，先ほどのように「module_function :メソッド名」とそのメソッドを公開することを明記しておけば，使用することが可能です．つまり，「include モジュール名」と記述しなくても，「モジュール名::メソッド名」と記述すれば，そのメソッドを利用することができるのです．

ここで，「::」という記号が出てきましたが，これは「.」とまったく同じことを意味しています．この「::」という記号を使用すると，メソッドを利用していることが強調できます．

モジュールを使ってメソッドを使用するにはいくつかの方法があることを示しましたが，モジュールを使い始めるときにお勧めする記述方法をあげておきます．

モジュールの記述方法は上記のものでよいのですが，モジュールのメソッドを利用するときには

```
require 'モジュールを含むファイル名'

モジュール名::メソッド名
```

と記述してみてください．最初のうちはこのような記述方法を使用しておいて，慣れてきたらほかの方法も試してみてください．

モジュールを使ったDNA解析プログラム(1)

ここで，DNA解析プログラム「dna-analysis-3.rb」(96ページ)について，モジュールを利用して書き換えてみましょう．

まず，プログラム「dna-analysis-3.rb」をモジュールとして書き換えます．

```
### File-name: dna-analysis-module-1.rb ###

# モジュールの宣言
module DnaAnalysis

  ### メソッド(1)
  # DNA 解析の計算結果を出力するためのメソッド
  def result(dna_w, dna_num, dna_sum)

    dna_per = (dna_num.to_f / dna_sum.to_f) * 100.0

    print('DNA 配列中の ', dna_w, ' の割合は，')
    printf("%5.1f", dna_per)
    print('% です.', "\n")
```

```

end

### メソッド(2)
# DNA の割合をカウントするメソッド
def dna_analysis(file_name_in)
  # FASTA 形式の最初の行を保存する変数を初期化
  fasta_name_1 = ""

  # DNA 配列を保存する変数を初期化
  dna_seq_1 = ""

  # ファイルからデータを取得 (FASTA 形式)
  File.open(file_name_in){|file_name|
    file_name.each{|line_data|
      if line_data =~ /^>/
        # 最初の行を改行を除いて保存
        fasta_name_1 = line_data.chomp
      else
        # DNA 配列を改行を除いて保存
        # "<<" :文字列を追加する
        dna_seq_1 << line_data.chomp
      end
    }
  }

  # DNA データを配列 dna_hairetsu_1 へ代入
  dna_hairetsu_1 = dna_seq_1.split("")

  # DNA 配列の長さを取得
  seq_num = dna_hairetsu_1.size

  # DNA 配列からの a, t, g, c の割合を分析

  a_num = 0    # a, t, g, c それぞれ
  t_num = 0    # 文字数を格納する
  g_num = 0    # 変数を初期化
  c_num = 0

  # each を使用して DNA 配列をすべて読み取る
  dna_hairetsu_1.each{|dna_w|
    # DNA が a のとき
    if dna_w == 'a'
      # 変数 a_num を 1 増加
      a_num = a_num + 1
    elsif dna_w == 't'
      t_num = t_num + 1
    elsif dna_w == 'g'
      g_num = g_num + 1
    # c が最後に残るので
    else
      c_num = c_num + 1
```

```
68      end
69    }
70
70    # FASTA 形式の表示名を抽出
71    fasta_name_2 = fasta_name_1.sub(/^>/, '')
72
73    # DNA 配列の長さを表示
74    print(fasta_name_2, ' の配列長 = ', seq_num, "\n")
75
76    # a, t, g, c の割合を計算，表示
77    # メソッド (1) を呼び出している
78    result('a', a_num, seq_num)
79    result('t', t_num, seq_num)
80    result('g', g_num, seq_num)
81    result('c', c_num, seq_num)
82  end
83
84  # 各メソッドがほかのプログラムから使用できるようにする
85  module_function :dna_analysis
86  module_function :result
87
88 end
```

このプログラムの内容は,「dna-analysis-3.rb」とほぼ同じですが, モジュールの宣言をするために「module DnaAnalysis」と記述しています (4 行目).

次に, メソッド「result」(8 行目) と「dna_analysis」(20 行目) を定義しています. 特に, メソッド「dna_analysis」は, この後に説明するメインプログラムから, ファイル名「file_name_in」を引数として受け取る形になっています.

最後に,「module_function :」で, モジュール中のメソッドをほかのプログラムから使用できるようにしています (85, 86 行目).

このモジュールを使用するメインプログラムは以下のように記述します.

```
1  ### File-name: dna-analysis-use-module-1.rb ###
2
3  require 'dna-analysis-module-1'
4
5  # include DnaAnalysis
6
7  DnaAnalysis::dna_analysis('dna-5-1.fasta')
8
9  # DnaAnalysis.dna_analysis('dna-5-1.fasta')
10
11 # dna_analysis('dna-5-1.fasta')
```

メインプログラムはとてもシンプルなものになっていますが, モジュールを記述したプログラム「dna-analysis-module-1.rb」をこのメインプログラムと同じ場所に置いておくと, メインプログラム「dna-analysis-use-module-1.rb」の 3 行目でモジュール

を呼び出すことが可能です．

続いて，「DnaAnalysis::dna_analysis('dna-5-1.fasta')」(7 行目) によって，モジュール中のメソッドを呼び出すことにより，以前に作成した「dna-analysis-3.rb」と同じく，DNA 配列の各塩基の構成割合を計算するプログラムができます．

また，メインプログラム 7 行目の記述の代わりに，9 行目のように「.」を使って記述しても同じ処理が行われます．ほかに，コメントアウトしてあるメインプログラム 5 行目の「include」を記述すると，11 行目のモジュールを明記しない方法でも同じ処理が実行できます (これらのコメントアウトのマークをはずして確かめてみてください)．

モジュールを使った DNA 解析プログラム (2)

基礎編の最初に記した，「基礎編で目標とするプログラムのアウトライン」(41 ページ) に即したプログラムを作成してみましょう．

これまでに作成した DNA 配列の制限酵素地図を作成するプログラム「dna-res-map-1.rb」(101 ページ) と DNA 配列をアミノ酸配列に翻訳するプログラム「dna-aa-1.rb」(93 ページ) をそれぞれモジュールに変更し，メインプログラムから利用できるようにします．

まず，制限酵素地図を作成するモジュールを用意しましょう．

```
### File-name: dna-res-map-module-1.rb ###

module DnaResMap

  require 'strscan'

  ### メソッド (1)
  # 制限酵素のデータをハッシュに格納するメソッド
  # 引数は制限酵素のデータを格納するハッシュと
  # 読み取った 1 行分のデータ
  def prs_rebase(res_data_hash, res_data)

    # 受け取った 1 行分の酵素データを分割
    res_data_arr_temp = res_data.split("\s")

    # 制限酵素名を取得
    res_name = res_data_arr_temp.shift

    # 制限酵素の切断パターンを保存する変数
    res_pat = ""

    # 最初の切断パターンを保存
    res_data_arr_temp.each{|data_tmp|

      # 括弧:( で始まらない要素
      if data_tmp !~ /^\(/
```

```
            res_pat = data_tmp
        end

    }

    # 制限酵素名をキーに，切断パターンをデータに保存
    res_data_hash[res_name] = res_pat

    return res_data_hash

end

### メソッド (2)
# 制限酵素の切断パターンの正規表現を作成するメソッド
# 引数は切断パターン
def make_cut_exp(cut_pat)

    # 切断パターンを正規表現に変えるためのハッシュ
    sub_cha = {

        "A" => 'A',
        "C" => 'C',
        "G" => 'G',
        "T" => 'T',
        "R" => '[GA]',
        "Y" => '[CT]',
        "M" => '[AC]',
        "K" => '[GT]',
        "S" => '[GC]',
        "W" => '[AT]',
        "B" => '[CGT]',
        "D" => '[AGT]',
        "H" => '[ACT]',
        "V" => '[ACG]',
        "N" => '[ACGT]',

    }

    # 切断パターンから"^"を取り除く
    cut_pat_ex = cut_pat.sub("^", "")

    # 切断パターンから 1 文字ずつ配列へ分解
    cut_pat_ex_arr = cut_pat_ex.split("")

    # 正規表現を保存する変数を初期化
    cut_pat_ex_fin = ""

    # 切断パターンから 1 文字ずつ正規表現に変える
    cut_pat_ex_arr.each{|ch|

        # ハッシュ sub_cha のキーとデータを呼び出す
        sub_cha.each{|dna_ch, dna_ch_exp|
```

```
            if dna_ch == ch
              cut_pat_ex_fin << dna_ch_exp
              break
            end
          }
        }
        return cut_pat_ex_fin
      end


      ### メソッド (3)
      # DNA 配列を読み込み制限酵素地図を出力するメソッド
      def dna_map_making(res_data_file, dna_data_file, out_file_1)
        # ファイル出力のための記述
        File.open(out_file_1, 'w'){|out_file_name|

          # 制限酵素のデータを格納するハッシュ
          res_data_hash = Hash.new

          # ファイルから制限酵素のデータを取得 (REBASE 形式)
          File.open(res_data_file){|file_name|

            file_name.each{|line_data|

              # 制限酵素のデータがない行は使用しない
              # 実際は 1 行で記述する
              if line_data =~ /^[\s\t\n]/ or
                    line_data =~ /^REBASE/ or
                      line_data =~ /^Rich Roberts/
              else
                # メソッド prs_rebase を呼び出している
                # 実際は 1 行で記述する
                res_data_hash =
                  prs_rebase(res_data_hash, line_data.chomp)
              end
            }
          }

          # FASTA 形式の最初の行を保存する変数を初期化
          fasta_name_1 = ""

          # DNA 配列を保存する変数を初期化
          dna_seq_1 = ""

          # ファイルからデータを取得 (FASTA 形式)
          File.open(dna_data_file){|file_name|

            file_name.each{|line_data|

              # 最初の行を保存
              if line_data =~ /^>/

```

```
      fasta_name_1 = line_data.chomp

    # DNA 配列を追加
    else
      dna_seq_1 << line_data.chomp
    end
  }
}

# FASTA 形式の表示名を出力
out_file_name.print(fasta_name_1, " の制限酵素地図\n\n")

# ハッシュ res_data_hash のキーとデータを
# each を使用してすべて呼び出す
# res_name: キー,  cut_pat: データ
res_data_hash.each{|res_name, cut_pat|

  # 制限酵素の切断パターンの正規表現を
  # メソッド make_cut_exp を使って作成
  cut_exp = make_cut_exp(cut_pat)

  # StringScanner クラスのオブジェクトを作成するため
  s = StringScanner.new(dna_seq_1)

  # 制限酵素の切断パターンの正規表現に
  # マッチする位置を保存する配列
  s_pos = []

  # 制限酵素の切断パターンの正規表現にマッチする位置を
  # scan を使用してすべて取り出す
  while s.scan_until(/#{cut_exp}/i)
    s_pos.push(s.pos)
  end

  # 制限酵素の認識部位を出力するブロック
  # 実際は 1 行で記述する
  out_file_name.print('制限酵素 ', res_name,
                      " の認識部位は:\n")

  # 制限酵素の認識部位の長さ
  cut_pat_len = cut_pat.length

  # s_pos に保存した認識部位の位置を出力する
  s_pos.each{|position_1|

    # scan は正規表現にマッチする認識部位の
    # 一番最後の位置を返すメソッドなので,
    # DNA 配列の中での位置は以下のようになる
    position_2 = position_1 - cut_pat_len + 2
    out_file_name.print(position_2, "\s")
  }
  out_file_name.print("\n\n")
```

```
        }
      }
185   end

    module_function :prs_rebase
    module_function :make_cut_exp
    module_function :dna_map_making
190
end
```

このプログラム「dna-res-map-module-1.rb」では,「module DnaResMap」としてモジュール名を明記しています (3 行目).

また, もとのプログラム「dna-res-map-1.rb」では, メインプログラムで処理したことを, このプログラムでは「def dna_map_making」としてメソッドに変更し (91 行目), ファイルに出力する記述をしています (93 行目).

最後に,「module_function :」として, このモジュールで定義した 3 つのメソッドを公開しています (187～189 行目).

次に, DNA 配列をアミノ酸配列に翻訳するモジュールを作成しましょう.

```
### File-name: dna-aa-module-1.rb ###

# モジュール定義
module Dna2AA_make

  ### メソッド定義
  # DNA からアミノ酸への翻訳 (メソッド 1)
  # コドンの配列 codon を引数として受け取る
  def dna2aa_1(codon)

    aa = ''

    if codon =~ /GC./i              # Alanine
      aa = 'A'
    elsif codon =~ /TG[TC]/i        # Cysteine
      aa = 'C'
    elsif codon =~ /GA[TC]/i        # Aspartic Acid
      aa = 'D'
    elsif codon =~ /GA[AG]/i        # Glutamic Acid
      aa = 'E'
    elsif codon =~ /TT[TC]/i        # Phenylalanine
      aa = 'F'
    elsif codon =~ /GG./i           # Glycine
      aa = 'G'
    elsif codon =~ /CA[TC]/i        # Histidine
      aa = 'H'
    elsif codon =~ /AT[TCA]/i       # Isoleucine
      aa = 'I'
    elsif codon =~ /AA[AG]/i        # Lysine
```

```
      aa = 'K'
    elsif codon =~ /TT[AG]|CT./i     # Leucine
      aa = 'L'
    elsif codon =~ /ATG/i            # Methionine
      aa = 'M'
    elsif codon =~ /AA[TC]/i         # Asparagine
      aa = 'N'
    elsif codon =~ /CC./i            # Proline
      aa = 'P'
    elsif codon =~ /CA[AG]/i         # Glutamine
      aa = 'Q'
    elsif codon =~ /CG.|AG[AG]/i     # Arginine
      aa = 'R'
    elsif codon =~ /TC.|AG[TC]/i     # Serine
      aa = 'S'
    elsif codon =~ /AC./i            # Threonine
      aa = 'T'
    elsif codon =~ /GT./i            # Valine
      aa = 'V'
    elsif codon =~ /TGG/i            # Tryptophan
      aa = 'W'
    elsif codon =~ /TA[TC]/i         # Tyrosine
      aa = 'Y'
    elsif codon =~ /TA[AG]|TGA/i     # Stop
      aa = '_'
    else                             # Error
      out_file_name.print("Bad codon", codon, "!!\n")
    end

    # 翻訳されるアミノ酸名を返す
    return aa

  end

  # 読み枠の繰り返し (メソッド 2)
  # DNA 配列 dna_seq と読み枠 i を引数として受け取る
  def codon_while(dna_seq, i)

    aa_seq = []

    # 読み枠の 3 文字目 dna_seq[i+2] がなくなるまで処理を繰り返す
    while dna_seq[i+2]

      # DNA 配列 3 文字分を取得
      codon = dna_seq[i] + dna_seq[i+1] + dna_seq[i+2]

      # メソッド dna2aa_1 を呼び出している
      aa = dna2aa_1(codon)

      # 翻訳したアミノ酸名を配列に追加
      aa_seq.push(aa)
```

```
      # 3 文字分 i を移動
      i = i + 3

    end

    # 翻訳したアミノ酸を返す
    return aa_seq

  end

  ### DNA 配列を読み込み翻訳結果を出力するメソッド（メソッド 3）
  def dna_file_for_aa(file_name_in, out_file_2)

    # ファイル出力のための記述
    File.open(out_file_2, 'w'){|out_file_name|

      fasta_name_1 = ""

      dna_seq_1 = ""

      File.open(file_name_in){|file_name|

        file_name.each{|line_data|

          # 最初の行を保存
          if line_data =~ /^>/

            fasta_name_1 = line_data.chomp

          # DNA 配列を追加
          else
            dna_seq_1 << line_data.chomp
          end
        }
      }

      # FASTA 形式の表示名を出力
      out_file_name.print(fasta_name_1, " のアミノ酸配列\n")

      # DNA データを配列 dna_hairetsu_1 へ代入
      dna_hairetsu_1 = dna_seq_1.split("")

      # 読み枠 1 の翻訳後を出力
      aa_seq_1 = codon_while(dna_hairetsu_1, 0)
      aa_seq_str_1 = aa_seq_1.join('')
      out_file_name.print('aa_seq_1 = ', "\n")
      out_file_name.print(aa_seq_str_1, "\n")

      # 読み枠 2 の翻訳後を出力
      aa_seq_2 = codon_while(dna_hairetsu_1, 1)
      aa_seq_str_2 = aa_seq_2.join('')
      out_file_name.print('aa_seq_2 = ', "\n")
```

```
        out_file_name.print(aa_seq_str_2, "\n")
135
        # 読み枠 3 の翻訳後を出力
        aa_seq_3 = codon_while(dna_hairetsu_1, 2)
        aa_seq_str_3 = aa_seq_3.join('')
        out_file_name.print('aa_seq_3 = ', "\n")
140     out_file_name.print(aa_seq_str_3, "\n")
      }
    end

    module_function :dna2aa_1
145 module_function :codon_while
    module_function :dna_file_for_aa

end
```

このプログラム「dna-aa-module-1.rb」では,「module Dna2AA_make」としてモジュール名を明記しています (4 行目).

また, もとのプログラム「dna-aa-1.rb」では, メインプログラムで処理したことを, このプログラムでは「def dna_file_for_aa」としてメソッドに変更し (93 行目), ファイルに出力する記述をしています (96 行目).

最後に,「module_function :」として, このモジュールで定義した 3 つのメソッドを公開しています (144〜146 行目).

最後に, これらのモジュールを利用するためのメインプログラムを作成しましょう.

```
### File-name: dna-analysis-use-module-2.rb ###

require 'dna-res-map-module-1'

5 require 'dna-aa-module-1'

# ----制限酵素地図の作成----
# 引数 (制限酵素情報ファイル名, DNA 配列ファイル名, 結果ファイル名)
# 実際は 1 行で記述する
10 DnaResMap::dna_map_making('link_proto.txt',
              'dna-5-1.fasta', 'res_map_result.txt')

# ----DNA 配列からアミノ酸配列への翻訳----
# 引数 (DNA 配列ファイル名, 結果ファイル名)
15 Dna2AA_make::dna_file_for_aa('dna-5-1.fasta', 'dna2aa_result.txt')
```

このメインプログラムは, 先に作成した 2 つのモジュールと比較して, かなりシンプルなものになっています.

最初に,「require」でモジュールプログラムを呼び出し,「モジュール名::メソッド名」でそれぞれのメソッドを呼び出しています (3, 5 行目). メソッドに渡す引数は, プログラム中のコメントに示しました.

このメインプログラムを実行すると，FASTA 形式のファイル「dna-5-1.fasta」から DNA 配列を入力して，その制限酵素地図を「res_map_result.txt」に，アミノ酸配列への翻訳結果を「dna2aa_result.txt」に出力します．

ここまで，モジュールを用いたプログラミングについて解説してきましたが，理解できましたか．モジュールまで使いこなせるようになれば，個人で作成するプログラムでは十分です．皆さんも，モジュールを利用していろいろなプログラムを作成してみてください．

第 IV 部

応用編

11

BioRubyについて

バイオインフォマティクス用ライブラリである **BioRuby** を利用して，本格的なプログラミングを始める前に，準備編で少しだけ利用した **BioRuby** シェルをインタラクションモードで使用しながら，このライブラリに慣れてみましょう (26 ページ参照).

BioRubyのインタラクションモードについて

4 章の説明と同じように，コマンドプロンプト，またはターミナルを起動させて

```
bioruby
```

と入力してください.

```
. . . BioRuby in the shell . . .
  Version : BioRuby x.x.x / Ruby x.x.x

bioruby>
```

と出力され，BioRuby シェルが起動しますので

```
s = Bio::Sequence::NA.new("aagcttggaccgttgaagt")
```

と入力してみましょう.

```
 ==> "aagcttggaccgttgaagt"
```

のように出力されるはずです．これはどのような処理を行ったかというと，「s」という変数に DNA 配列「aagcttggaccgttgaagt」を代入して，「Bio::Sequence::NA クラス」のオブジェクトとしたものです.

クラスとオブジェクトについて

ここで，**クラス**とそれから生成される**オブジェクト (インスタンス)** について，ライブラリを利用する立場から解説をしてみます．

なぜ，「利用する立場」から考えるのかというと，BioRuby を利用するという立場でライブラリに用意されているメソッドなどを，クラス，オブジェクトなどの仕組みを理解しながら使っていくのが，より早く**オブジェクト指向プログラミング**といわれる概念に慣れていくことができるからです (オブジェクト指向プログラミングをきちんと理解したい場合は，専門的な書籍が数多く出版されていますので，それらを参考にしてください)．

BioRuby のようなライブラリを利用する立場ならば，クラスの作成方法などは必要ないのですが，イメージをつかむことができるようにクラスの作成方法を示しておきます．

```
class クラス名    # クラス名は大文字で始める

  クラス定義

  def メソッド名

    メソッド定義

  end

end
```

このようにクラスを定義すると，そのクラスからオブジェクトであるインスタンスを生成したときに，クラスに含まれているメソッドが使用できます．

また，クラスはすでに存在しているクラス (**スーパークラス**) 定義を**継承**して，新しいクラスを作成し，新しいメソッドを付け加えることが可能です．継承は，以下のように記述すると可能になります．

```
class クラス名 < 継承したいスーパークラス名

  クラス定義

end
```

先ほどの「`Bio::Sequence::NA.new`」で，インスタンスを生成する「`new`」メソッドを定義した記述が，「`Bio::Sequence::NA` クラス」を記しているプログラムファイルか，または，そのスーパークラスに存在しています．

BioRuby の調べ方

もう少し，BioRuby シェルを使ってみましょう．先ほどのインスタンス「s」の配列に対して，**相補配列**を出力させてみます．相補配列とは，もとの配列と対をなしている**相補鎖 DNA** の配列を 5′-末端から並べたものです．

```
puts s.complement
```

と入力するだけで

```
acttcaacggtccaagctt
```

のように相補配列が出力されます．基礎編でプログラミングを勉強された方はわかると思いますが，ある DNA 配列の相補配列を「complement」と記述しただけで，コンピュータが処理してくれるのは，とても画期的なことです．いくら Ruby の記述方法がシンプルであったとしても，たった 1 行では相補配列を表示するプログラムは記述できません．

これが，バイオインフォマティクス専用に用意された BioRuby を積極的に使用する利点なのです．つまり，BioRuby を利用すれば，プログラミングに慣れた研究者やプログラマが作成した偉大な成果を簡単に使うことが可能になるのです．ぜひ，BioRuby の利用方法を覚えて，皆さんの研究効率の向上に役立ててください．

それでは，ここで紹介した「complement」のように，目的とする処理を実行してくれるメソッドをどのようにして調べるかを紹介しましょう．

BioRuby のホームページでは，**チュートリアル**や**サンプルコード**などを閲覧することができ[1]，日本語の解説ページも用意されています．

例えば，DNA 配列を操作するメソッドを調べる場合，取り掛かりはチュートリアルの文章で該当する単語を探して，「DNA 配列」に関連のあるクラスを見つけてみてください．

実際に，英語で書かれたチュートリアルのページ[2]で「DNA」という単語を検索すると，「Bio::Sequence クラス」というクラスが見つかります．ここで見つけた「Bio::Sequence クラス」を，BioRuby の仕様がデータベースになっている **API** (Application Program Interface) のページ (図 11.1)[3]で「Bio::Sequence クラス」の解説をみてみると，そのサブクラスである「Bio::Sequence::NA クラス」に，「complement」の使い方が記述されています．

1) http://bioruby.org/
2) http://bioruby.open-bio.org/wiki/Tutorial
3) http://bioruby.org/rdoc/

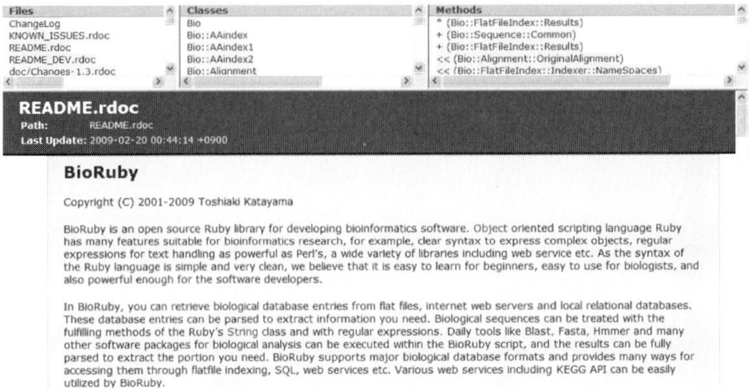

図 11.1 BioRuby の API のページ

この解説には，「complement」は「reverse_complement」と同じもので，「DNA 配列インスタンス.reverse_complement」のように記述することで，相補配列が返されることがサンプルコードとともに説明されているのを見つけることができるでしょう．

試しに

```
p s.class
```

と入力してみてください．

```
Bio::Sequence::NA
```

このように，インスタンスを生成したクラス「Bio::Sequence::NA」を，「class」というメソッドは返してくれるのです．

ここで，BioRuby で目的とするメソッドを調べて，実際にプログラムで使用するまでの過程をまとめておきましょう．

BioRuby の調べ方と使い方

1. BioRuby のホームページなどで，目的とする処理に関連するクラスを検索する．
2. 同じ BioRuby のホームページにある API で，検索で見つけたクラスについて調べる．
3. 見つけたクラスの仕様から，目的とする処理に該当するメソッドを探す．
4. 該当するメソッドが存在したら，「クラス名.new」でインスタンスを生成し，メソッドを使用する．

最後に，BioRuby シェルではなくて，プログラムファイルで「Bio::Sequence::NA クラス」を利用するプログラムを作成してみましょう．

```
### File-name: bioruby-1.rb ###

# ruby-gem 経由で bioruby をインストールした場合必要
require 'rubygems'

# bioruby を読み込む
require 'bio'

# Bio::Sequence::NA クラスのインスタンスを生成
seq = Bio::Sequence::NA.new("aagcttggaccgttgaagt")

# 相補配列
p seq.complement    #=> "acttcaacggtccaagctt"

# 4 から 10 塩基目まで
p seq.subseq(4,10)    #=> "cttggac"

# 塩基組成
p seq.composition    #=> {"a"=>5, "t"=>5, "g"=>6, "c"=>3}

# GC 塩基の割合
p seq.gc_percent    #=> 47

# アミノ酸への翻訳
p seq.translate    #=> "KLGPLK"

# 2 文字目から翻訳
p seq.translate(2)    #=> "SLDR*S"

# 分子量を計算
p seq.translate.molecular_weight    #=> 654.845

# 相補配列の翻訳
puts seq.complement.translate    #=> TSTVQA
```

ここに示した「Bio::Sequence::NA クラス」関連のメソッドは，このクラスに用意されているものでまだ数例にすぎません，皆さんもいろいろ試してみてください．

12

ソフトウェアの組合せ

12.1 BioRubyからBLASTを使う

準備編でインストールしたBLASTをBioRubyから使用する方法を解説します．

BLASTはDNA配列データベースのような大量の配列の中から，問い合わせた**クエリ配列**に似ているものを抽出する手法として，バイオインフォマティクスでは一般的に利用されています．そのため，BioRubyでもBLASTを利用するためのメソッドが数多く用意されています．

ここでは，自前のコンピュータにプログラムをインストールして使用するので，ローカルでの使用方法を中心に説明していきます．

BLASTの準備と使い方

BLASTでは，クエリ配列と照合する相手となる，**データベース**を準備する必要があります．一番簡単にデータベースを用意するには，NCBIですでにフォーマットされたデータベースを使用することですが[1]，ここでは，FASTA形式の配列データを多数記載した，**マルチFASTA形式**のファイルからデータベースを作成してみましょう．

今回は，Swiss-Prot (6ページ参照) の配列をマルチFASTA形式で収載したファイル「`uniprot_sprot.fasta.gz`」を，DDBJ (5ページ参照) からダウンロードします[2]．

次に，このファイル「`uniprot_sprot.fasta.gz`」を解凍します．Windowsでは，解凍ソフトを利用してください．LinuxやMacでは

```
gunzip uniprot_sprot.fasta.gz
```

というコマンドで解凍することができます．

解凍したファイルからBLAST用データベースを作成するには，先に「`uniprot_sprot`」というフォルダを作成しておいて，そこへ解凍した「`uniprot_sprot.fasta`」を移動さ

1) `ftp://ftp.ncbi.nih.gov/blast/db/`
2) `http://www.ddbj.nig.ac.jp/ftp_soap-j.html`

せてから

```
formatdb -i uniprot_sprot.fasta -n uniprot_sprot.fasta.db -o T -p T
```

というコマンドで BLAST 用データベースを作成します．

通常，新しく 6 つのファイルがフォルダの中に生成されているはずです．データベースの作成に成功したかどうかは，「.log」という拡張子がついている，ログファイルと言われるファイルをエディタで開いたときに

```
========================[ - - - ]========================
Version 2.2.17 [Aug-26-2007]
Started database file "uniprot_sprot.fasta"
Formatted 462764 sequences in volume 0
SUCCESS: formatted database uniprot_sprot.fasta.db
```

の最後の行のように，「SUCCESS: formatted database ---」と記されていれば，問題はありません．

データベース作成の際に必要なインプット情報は

「-i：FASTA 形式ファイル」，
「-n：データベース名」，
「-o：インデックス生成（生成　T，不生成　F)」，
「-p：タンパク質　T，塩基配列　F」

などです．詳しい解説は，NCBI の BLAST 解説ページを参照してください[3]．

BioRuby で BLAST を利用する前に，BLAST 単体で使用してみましょう．一般的な BLAST の起動方法は次のようなものです．

```
blastall -m 出力フォーマット番号（0-9）-e E-Value -i 入力ファイル名
-d データベースフォルダ名/データベース名 -o 出力ファイル名
-p 使用プログラム名（実際は 1 行で入力する）
```

実際のコマンド入力例は

```
blastall -i in-seq-for-blast-1.fasta -o out-blast-m0-1.result
-m 0 -p blastp -d uniprot_sprot/uniprot_sprot.fasta.db
```

のようになります．コマンド入力オプションの順番は決まっていません．オプションを入力しない場合デフォルトの値が入力されるものと，「-i」のファイル名のように入力が必要なものがあります．また，「-d」のデータベース名は，フォルダ名から入力することを

3) http://www.ncbi.nlm.nih.gov/staff/tao/URLAPI/

忘れないでください．

ここで，入力オプションの「-e」「-m」「-p」について説明します．

「-e：E-Value」は，偶然 BLAST がヒットする可能性を示すものの上限を示す数値で，デフォルトでは 10.0 となっていますが，この数値が低いほど偶然の可能性が低くなります．

「-p」は，使用するプログラムを指定するオプションです．クエリ配列とデータベース配列の種類の組み合わせによって，表 12.1 のような 5 種類のプログラムがあります．

表 12.1 blastall で使用するプログラム

プログラム名	クエリ配列	データベース配列
blastn	塩基配列	塩基配列
blastx	塩基配列 (アミノ酸配列に翻訳)	アミノ酸配列
tblastx	塩基配列 (アミノ酸配列に翻訳)	塩基配列 (アミノ酸配列に翻訳)
blastp	アミノ酸配列	アミノ酸配列
tblastn	アミノ酸配列	塩基配列 (アミノ酸配列に翻訳)

「-m」は，出力ファイル形式を決める値で，「0-9」の数字を指定します．それぞれの数値が示すことを，表 12.2 にまとめます．

表 12.2 BLAST の出力ファイル形式

数値	意　味
0	ペアワイズアライメント (デフォルト)
1-6	ヒットした配列とのマルチプルアライメント
7	XML 形式による出力
8	タブ形式による出力
9	コメント行つきタブ形式による出力

「-m 7」の **XML 形式**による出力ですが，BioRuby ではこの形式を使用するように推奨されています．なぜならば，「-m 0」などのテキスト形式は，その出力仕様が予告なく変更されることが多く，BioRuby では対応しきれないこともあるためです．

試しに，先ほどのコマンド入力を

```
blastall -i in-seq-for-blast-1.fasta -o out-blast-m7-1.result
-m 7 -p blastp -d uniprot_sprot/uniprot_sprot.fasta.db
```

と変えて計算しなおしてみてください．

実際に，「-m 0」(ペアワイズ形式) と「-m 7」(XML 形式) の出力を比較してみましょう．

BLAST ペアワイズ形式出力

```
BLASTP 2.2.19 [Nov-02-2008]


Reference: Altschul, Stephen F., Thomas L. Madden, Alejandro A. Schaffer,
Jinghui Zhang, Zheng Zhang, Webb Miller, and David J. Lipman (1997),
"Gapped BLAST and PSI-BLAST: a new generation of protein database search
programs",  Nucleic Acids Res. 25:3389-3402.

Reference for compositional score matrix adjustment: Altschul, Stephen F.,
John C. Wootton, E. Michael Gertz, Richa Agarwala, Aleksandr Morgulis,
Alejandro A. Schaffer, and Yi-Kuo Yu (2005) "Protein database searches
using compositionally adjusted substitution matrices", FEBS J. 272:5101-5109.

Query= Sample-1
 (38 letters)

Database: uniprot_sprot.fasta.db
   462,764 sequences; 163,773,385 total letters

Searching..................................................done


 Score    E
Sequences producing significant alignments:                      (bits) Value

sp|P32455|GBP1_HUMAN Interferon-induced guanylate-binding protei...    78   1e-014
sp|Q5RBE1|GBP1_PONAB Interferon-induced guanylate-binding protei...    78   1e-014
sp|Q5D1D6|GBP1_CERAE Interferon-induced guanylate-binding protei...    75   1e-013
sp|Q9H0R5|GBP3_HUMAN Guanylate-binding protein 3 OS=Homo sapiens...    75   1e-013
sp|P32456|GBP2_HUMAN Interferon-induced guanylate-binding protei...    69   5e-012
sp|Q9Z0E6|GBP2_MOUSE Interferon-induced guanylate-binding protei...    68   1e-011
sp|Q63663|GBP2_RAT Interferon-induced guanylate-binding protein ...    68   1e-011
sp|Q01514|GBP1_MOUSE Interferon-induced guanylate-binding protei...    68   2e-011
sp|Q61107|GBP4_MOUSE Guanylate-binding protein 4 OS=Mus musculus...    62   7e-010
sp|Q8N8V2|GBP7_HUMAN Guanylate-binding protein 7 OS=Homo sapiens...    61   2e-009
sp|Q6ZN66|GBP6_HUMAN Guanylate-binding protein 6 OS=Homo sapiens...    58   1e-008
sp|Q5R9T9|GBP6_PONAB Guanylate-binding protein 6 OS=Pongo abelii...    58   2e-008
sp|Q96PP9|GBP4_HUMAN Guanylate-binding protein 4 OS=Homo sapiens...    57   3e-008
sp|Q96PP8|GBP5_HUMAN Guanylate-binding protein 5 OS=Homo sapiens...    46   7e-005
sp|Q8CFB4|GBP5_MOUSE Guanylate-binding protein 5 OS=Mus musculus...    44   3e-004

>sp|P32455|GBP1_HUMAN Interferon-induced guanylate-binding protein 1 OS=Homo sapiens
   GN=GBP1 PE=1 SV=1
  Length = 592

 Score = 78.2 bits (191), Expect = 1e-014,   Method: Composition-based stats.
 Identities = 38/38 (100%), Positives = 38/38 (100%)

Query: 1   LLSSTFVYNSIGTINQQAMDQLYYVTELTHRIRSKSSP 38
   LLSSTFVYNSIGTINQQAMDQLYYVTELTHRIRSKSSP
Sbjct: 121 LLSSTFVYNSIGTINQQAMDQLYYVTELTHRIRSKSSP 158

|

|     (途中省略)

|

  Database: uniprot_sprot.fasta.db
Posted date:  Apr 19, 2009  6:34 AM
  Number of letters in database: 163,773,385
  Number of sequences in database:  462,764

Lambda     K      H
   0.316    0.127    0.342

Gapped
Lambda     K      H
   0.267   0.0410    0.140
```

```
Matrix: BLOSUM62
Gap Penalties: Existence: 11, Extension: 1
Number of Sequences: 462764
Number of Hits to DB: 8,467,461
Number of extensions: 128638
Number of successful extensions: 364
Number of sequences better than 10.0: 15
Number of HSP's gapped: 365
Number of HSP's successfully gapped: 15
Length of query: 38
Length of database: 163,773,385
Length adjustment: 12
Effective length of query: 26
Effective length of database: 158,220,217
Effective search space: 4113725642
Effective search space used: 4113725642
Neighboring words threshold: 11
Window for multiple hits: 40
X1: 16 ( 7.3 bits)
X2: 38 (14.6 bits)
X3: 64 (24.7 bits)
S1: 41 (21.7 bits)
S2: 63 (28.9 bits)
```

BLAST XML 形式出力

```
<?xml version="1.0"?>
|

|     (途中省略)

|
  <BlastOutput_iterations>
    <Iteration>
      <Iteration_iter-num>1</Iteration_iter-num>
      <Iteration_query-ID>lcl|1_0</Iteration_query-ID>
      <Iteration_query-def>Sample-1</Iteration_query-def>
      <Iteration_query-len>38</Iteration_query-len>
      <Iteration_hits>
        <Hit>
          <Hit_num>1</Hit_num>
          <Hit_id>sp|P32455|GBP1_HUMAN</Hit_id>
|

|     (途中省略)

|
              <Hsp_query-from>1</Hsp_query-from>
              <Hsp_query-to>38</Hsp_query-to>
              <Hsp_hit-from>121</Hsp_hit-from>
              <Hsp_hit-to>158</Hsp_hit-to>
              <Hsp_query-frame>1</Hsp_query-frame>
              <Hsp_hit-frame>1</Hsp_hit-frame>
              <Hsp_identity>38</Hsp_identity>
              <Hsp_positive>38</Hsp_positive>
              <Hsp_align-len>38</Hsp_align-len>
              <Hsp_qseq>LLSSTFVYNSIGTINQQAMDQLYYVTELTHRIRSKSSP</Hsp_qseq>
              <Hsp_hseq>LLSSTFVYNSIGTINQQAMDQLYYVTELTHRIRSKSSP</Hsp_hseq>
              <Hsp_midline>LLSSTFVYNSIGTINQQAMDQLYYVTELTHRIRSKSSP</Hsp_midline>
            </Hsp>
          </Hit_hsps>
        </Hit>
        <Hit>
|

|     (途中省略)

|
```

```
            <Hsp_query-from>1</Hsp_query-from>
            <Hsp_query-to>38</Hsp_query-to>
            <Hsp_hit-from>121</Hsp_hit-from>
            <Hsp_hit-to>158</Hsp_hit-to>
            <Hsp_query-frame>1</Hsp_query-frame>
            <Hsp_hit-frame>1</Hsp_hit-frame>
            <Hsp_identity>38</Hsp_identity>
            <Hsp_positive>38</Hsp_positive>
            <Hsp_align-len>38</Hsp_align-len>
            <Hsp_qseq>LLSSTFVYNSIGTINQQAMDQLYYVTELTHRIRSKSSP</Hsp_qseq>
            <Hsp_hseq>LLSSTFVYNSIGTINQQAMDQLYYVTELTHRIRSKSSP</Hsp_hseq>
            <Hsp_midline>LLSSTFVYNSIGTINQQAMDQLYYVTELTHRIRSKSSP</Hsp_midline>
          </Hsp>
        </Hit_hsps>
      </Hit>
|
|   （途中省略）
|
        </Hit_hsps>
      </Hit>
    </Iteration_hits>
    <Iteration_stat>
      <Statistics>
        <Statistics_db-num>462764</Statistics_db-num>
        <Statistics_db-len>163773385</Statistics_db-len>
        <Statistics_hsp-len>12</Statistics_hsp-len>
        <Statistics_eff-space>4.11373e+009</Statistics_eff-space>
        <Statistics_kappa>0.041</Statistics_kappa>
        <Statistics_lambda>0.267</Statistics_lambda>
        <Statistics_entropy>0.14</Statistics_entropy>
      </Statistics>
    </Iteration_stat>
  </Iteration>
 </BlastOutput_iterations>
</BlastOutput>
```


このように,「-m 0」(ペアワイズ形式) と「-m 7」(XML 形式) の 2 つの出力形式はかなり異なっています．どちらかというと，ペアワイズ形式の方がわかりやすいのですが，コンピュータにとっては XML 形式の方が都合がよいのです．

この XML 形式の出力から BioRuby を使って，個々の情報を取り出す方法を解説します．

メモ：XML について

XML (Extensible Markup Language) は，文章の構造がわかるように「< >」で囲まれた**タグ**を使って記述する情報記述言語で，ウェブページを表示するために使われる **HTML** (HyperText Markup Language) と混同されることがありますが，まったく違うものです．

HTML では，あらかじめタグが用意されていますが，XML は自分でタグを定義することができるので，そのタグではさまれた文書がもつ意味を記述することができます．XML 形式のファイルをウェブブラウザで表示すると，タグを含んだテキストがそのまま表示されますが，XML 形式を HTML 形式に変換する方法も用意されています．

BioRuby による BLAST の利用

BioRuby で BLAST を利用する方法の最初の例として，先ほどの入力コマンド

```
blastall -i in-seq-for-blast-1.fasta -o out-blast-m7-1.result
-m 7 -p blastp -d uniprot_sprot/uniprot_sprot.fasta.db
```

で作成した，出力結果ファイル「out-blast-m7-1.result」を使用するプログラムを作成してみましょう．

```
### File-name: bioruby-blast-1.rb ###

# ruby-gem 経由で bioruby をインストールした場合必要
require 'rubygems'

# bioruby を読み込む
require 'bio'

# Bio::Blast クラスのオブジェクト report を生成
# ARGF は Ruby プログラム実行時の引数をファイル名として扱う
Bio::Blast.reports(ARGF) do |report|

  # Bio::Blast クラスのメソッドを使って，
  # オブジェクト report からクエリ配列名，データベース名を取り出す
  print(" Hits for ", report.query_def, " against ", report.db, "\n")

  # ヒット配列ごとに表記名と E-Value を表示
  report.each do |hit|

    print(hit.target_id, " -> ", hit.evalue, "\n")

  end

end
```

このプログラムを次のように実行すると

```
ruby bioruby-blast-1.rb out-blast-m7-1.result
```

以下のように，BLAST でヒットした「ID」と「E-Value」が表示されます．

```
Hits for Sample-1 against uniprot_sprot/uniprot_sprot.fasta.db
P32455 -> 1.36037e-014
Q5RBE1 -> 1.44219e-014
Q5D1D6 -> 1.21075e-013
Q9H0R5 -> 1.3161e-013
(以下省略)
```

プログラム「bioruby-blast-1.rb」において,「Bio::Blast.reports(ファイル名)」としてBLASTのXML形式結果ファイルを渡すと,「Bio::Blastクラス」のオブジェクト「report」を生成します(11行目).次に,オブジェクト「report」に対して,「Bio::Blastクラス」のメッソド「query_def」と「db」を使って,クエリ配列名とデータベース名を表示しています(15行目).さらに,それぞれのヒット配列に対して,「Bio::Blastクラス」のメソッド「target_id」と「evalue」を使って,表記名とE-Valueを表示しています(20行目)(メソッドの詳細については,前述のBioRubyのAPIを参照).

11行目の「ARGF」は,Rubyプログラム実行時の引数をファイル名として扱う記述方法で,「ARGV」と同じようなものです(109ページ参照).

このような方法で,BLAST検索結果から個々のデータを取り出してくることが可能ですが,BLASTに問い合わせるクエリの数が増してくると,検索結果を出力するXML形式ファイルのデータ容量が増加してしまいます.この問題を解決するために,BLAST検索結果に対して直接処理を行うプログラムを作成してみましょう.アウトラインは次のようになります.

マルチ**FASTA**形式ファイルの**BLAST**による解析プログラム

1. Bio::Blastクラスの BLAST実行のためのオブジェクトを生成
2. インプットファイルのクエリ配列を順番に処理するため,「Bio::FlatFileクラス」のオブジェクトを生成
3. それぞれのクエリ配列ごとに処理して別々のファイルに出力
4. 各クエリのヒット配列に関する情報をファイルに出力

実際には次のようなプログラムを作成します.

```
### File-name: bioruby-blast-2.rb ###

# ruby-gem経由でbiorubyをインストールした場合必要
require 'rubygems'

# biorubyを読み込む
require 'bio'

# Bio::Blastクラスの BLAST実行のためのオブジェクトを生成
# 実際は1行で記述する
factory = Bio::Blast.local('blastp',
      'uniprot_sprot\uniprot_sprot.fasta.db')

# p "factory のクラス="     # クラスの確認のため
# p factory.class          # クラスの確認のため

```

```
# Bio::FlatFile クラスのオブジェクトを生成（ファイルの自動認識クラス）
# インプットファイル'in-seq-mult-seq-2.fasta'（クエリ配列）
ff = Bio::FlatFile.auto('in-seq-mult-seq-2.fasta')

# p "ff のクラス="    # クラスの確認のため
# p ff.class         # クラスの確認のため

# それぞれのクエリ配列ごとに処理する
ff.each do |entry|

   # BLAST を実行
   report = factory.query(entry)

   # 出力用ファイル名を生成（クエリ配列ごと）
   out_file_entry = report.query_def + '.blast_result'

   # 進行を確かめるための表示
   p out_file_entry

# p "report のクラス="    # クラスの確認のため
# p report.class         # クラスの確認のため

   # 出力ファイルをオープン
   File.open(out_file_entry, 'w'){|out_file_name|

      # クエリ配列の ID を出力
      out_file_name.print('>Query-ID= ', report.query_def, "\n")

      # ヒット配列ごとに処理する
      report.each do |hit|

#     p "hit のクラス="    # クラスの確認のため
#     p hit.class         # クラスの確認のため

         # ヒットした配列の ID を出力
         out_file_name.print('Hit-ID= ', hit.target_id, "\n")

         # E-Value を出力
         out_file_name.print('Hit-E-Value= ', hit.evalue, "\n")

         # % identity を出力
         out_file_name.print('Hit-%id= ', hit.identity, "\n")

         # 問い合わせ配列を出力
         out_file_name.print('Query-Seq= ', hit.query_seq, "\n")

         # アライメントの midline 文字列を出力
         out_file_name.print('Hit-ML= ', hit.midline, "\n")

         # ヒットした配列を出力
         out_file_name.print('Hit-Seq= ', hit.target_seq, "\n")
```

```
        # 区切り文字を出力
70      out_file_name.print("//\n")

      end

    }
75
end
```

このプログラム「bioruby-blast-2.rb」を実行するには，データベースを「uniprot_sprot\uniprot_sprot.fasta.db」に記述されている場所に準備しておく必要があります (12 行目).

11 行目と 19 行目で，それぞれ「Bio::Blast クラス」と「Bio::FlatFile クラス」のオブジェクトを生成しています.

「Bio::Blast クラス」は，BLAST を実行するためのクラスで，「Bio::Blast.local('プログラム名', 'データベース名')」と記述することで，BLAST を実行するためのオブジェクトを生成します.「Bio::FlatFile クラス」は，バイオインフォマティクス用の様々な形式のファイルを処理するためのクラスで，「BioBio::FlatFile.auto('入力ファイル名')」と記述することで，自動的にファイル形式を認識するオブジェクトを生成します.

これらの生成したオブジェクトのクラスを確認するため，「# クラスの確認のため」という「p」による出力行を挿入してあります (クラスを確認したいときに，「#」(コメント) をはずしてプログラムを実行してください).

次に，19 行目で入力ファイル「in-seq-mult-seq-2.fasta」から生成した，オブジェクト「ff」の各クエリ配列を，「each」を使用して処理します (25～76 行目).

まず，11 行目で生成したオブジェクト「factory」を使用して BLAST を実行し，その結果を「report」に渡しています (28 行目). 次に，クエリ配列の名前をメソッド「query_def」を使って取り出し，結果を出力するファイル名として使っています (31 行目). さらに，このクエリ配列の BLAST 検索結果となる，各ヒット配列のオブジェクト「hit」(46 行

✐ メモ：クラスを確認するメソッド「class」

プログラムの中で生成したオブジェクト (インスタンス) が，どのクラスに属するかを教えてくれるのが「class」メソッドです.

「オブジェクト = クラス名.new」のようにして，新しいオブジェクトを生成した後に，「オブジェクト.class」と記述することで，そのオブジェクトが帰属しているクラスの名前を返してくれます.

目) に対して，「ID」「E-Value」などの，BLAST 検索結果の各データを BioRuby のメソッドを使用して取り出しています (51〜67 行目)．これらのメソッドについての詳細は，BioRuby の API で調べてみてください．

マルチ FASTA 形式ファイル「in-seq-mult-seq-2.fasta」を用意して，このプログラムを実行すると，3 つのファイル「Sample-1.blast_result」「Sample-2.blast_result」「Sample-3.blast_result」が作成され，以下のように BLAST 検索結果が記録されるはずです．

「bioruby-blast-2.rb」出力結果

```
>Query-ID= Sample-1
Hit-ID= P32455
Hit-E-Value= 1.36037e-014
Hit-%id= 38
Query-Seq= LLSSTFVYNSIGTINQQAMDQLYYVTELTHRIRSKSSP
Hit-ML=    LLSSTFVYNSIGTINQQAMDQLYYVTELTHRIRSKSSP
Hit-Seq=   LLSSTFVYNSIGTINQQAMDQLYYVTELTHRIRSKSSP
//
Hit-ID= Q5RBE1
Hit-E-Value= 1.44219e-014
Hit-%id= 38
Query-Seq= LLSSTFVYNSIGTINQQAMDQLYYVTELTHRIRSKSSP
Hit-ML=    LLSSTFVYNSIGTINQQAMDQLYYVTELTHRIRSKSSP
Hit-Seq=   LLSSTFVYNSIGTINQQAMDQLYYVTELTHRIRSKSSP
//
|
|     (以下省略)
|
```

12.2 Ruby で ClustalW を使う

ここでは，これまでの集大成として，BioRuby から BLAST を使って相同性のあるアミノ酸配列を取得し，さらに，外部プログラムである ClustalW を使って，マルチプルアライメント (多重配列アライメント) を実行させるプログラムを作成してみましょう．

まず，この処理を行うプログラム「bioruby-blast-3.rb」のアウトラインを示します．

BLAST によるデータベース検索と ClustalW によるマルチプルアライメントを実施するプログラムのアウトライン

1. マルチ FASTA 形式のデータベース用ファイル「uniprot_sprot_win(uni).fasta」を読み込み，各エントリ配列のファイルポインタの値をデータベース「DB_MULTFASTA」に記録
2. 入力ファイル「in-seq-mult-seq-2.fasta」のクエリ配列を順番に BLAST で処理し，ヒットエントリの ID を取得

3. ヒットエントリのIDをキーにして，データベース「DB_MULTFASTA」からファイルポインタの値を取得

4. データベース用ファイル「uniprot_sprot_win(uni).fasta」から，ヒットIDの全長配列を取得し，クエリごとにファイルへ出力

5. 4で作成したヒット配列のマルチFASTA形式ファイルをもとに，ClustalWによってマルチプルアライメントを実行し，ファイルに出力

以上のアウトラインに沿って，プログラム「bioruby-blast-3.rb」を以下に示します．

```
### File-name: bioruby-blast-3.rb ###

# ruby-gem 経由で bioruby をインストールした場合必要
require 'rubygems'

# bioruby を読み込む
require 'bio'

# データベース用に gdbm を呼び出す
require 'gdbm'

# データベース用ファイルを作成
db = GDBM.open('DB_MULTFASTA')

# マルチ FASTA 形式のデータベース用ファイルを開く
lib_file = File.open("uniprot_sprot_win.fasta")
# lib_file = File.open("uniprot_sprot_uni.fasta")

##### データベースの更新をしないときは
##### コメントアウト(ここから)

# ファイルポインタの初期値保存
offset = lib_file.pos

cnt_1 = 0

# 改行ごとに"uniprot_sprot_win.fasta"を処理
lib_file.each("\n"){|line|

   # その行が">"から始まっていたら
   if line =~ /^>/
      # 行をスペースで分割して配列 column へ格納
      column = line.split("|")
      # ID を取得
      id = column[1]

      # GDBM のキーとデータ要素は文字列でないといけない
      db[id] = offset.to_s
```

```
      print("DB 作成中\n")

      cnt_1 = cnt_1 + 1
      p cnt_1

   end

   # 現在のファイルポインタの値を保存
   offset = lib_file.pos

}
##### データベースの更新をしないときは
##### コメントアウト(ここまで)

# Bio::Blast クラスの BLAST 実行のためのオブジェクトを生成
# 実際は 1 行で記述する
factory = Bio::Blast.local('blastp',
          'uniprot_sprot\uniprot_sprot.fasta.db')

# Bio::FlatFile クラスのオブジェクトを生成（ファイルの自動認識クラス）
# インプットファイル'in-seq-mult-seq-2.fasta'（クエリ配列）
ff = Bio::FlatFile.auto('in-seq-mult-seq-2.fasta')

# 作成するマルチ FASTA 形式のファイル名を保存する配列
clustal_in_file_name = []

# それぞれのクエリ配列ごとに処理する
ff.each do |entry|

   # BLAST を実行
   report = factory.query(entry)

   # 進行を確かめるための表示
   p report.query_def

   # 出力用ファイル名を生成(クエリ配列ごと)
   out_file_entry = report.query_def + '.seq'

   # 作成するマルチ FASTA 形式のファイル名を保存
   clustal_in_file_name.push(out_file_entry)

   # 出力ファイルをオープン
   File.open(out_file_entry, 'w'){|out_file_name|

      # クエリ配列をファイルの最初に出力
      out_file_name.print(entry)

      # ヒット配列ごとに処理する
      report.each do |hit|

         # E-Value が 1.0 未満のものだけ処理する
         if hit.evalue.to_f < 1.0
```

```
        # ヒットエントリの ID をキーとして取得
        key = hit.target_id

        # ID に対応したデータをデータベースから取得
        fh = db[key]

        # FASTA 形式のデータファイルから該当する
        # ヒット配列行を保存する配列
        line_ary = []

        # マルチ FASTA 形式のための ID 作成
        key_id = '>' + key + "\n"

        # ID を保存
        line_ary.push(key_id)

        ### データベースにデータが存在したら
        if fh

           line_tmp = ""

           # 対応するデータを取得
           lib_file.seek(fh.to_i, IO::SEEK_SET)

           # 1 行分を取得(先頭行は保存しない)
           line_tmp =lib_file.gets("\n")

           # 2 行目以降を保存する
           line_tmp =lib_file.gets("\n")

           line_ary.push(line_tmp)

           # 該当する配列を取得する
           while line_tmp

              line_tmp =lib_file.gets("\n")

              if line_tmp !~ /^>/

                 line_ary.push(line_tmp)

              else
                 # 次のエントリになったら終わる
                 break
              end
           end
        else
           # 該当する ID 名がなかった場合
           print("該当するエントリ名はありません\n")
           # データベースとデータファイルを閉じる
           db.close
```

```
144           lib_file.close
145           # プログラムを終了
146           exit!
147         end
148         ###
149
150         # 配列 line_ary に保存した配列をまとめる
151         line_hit_seq = line_ary.join("")
152
153         # 該当する ID の配列をファイルへ出力
154         out_file_name.print(line_hit_seq)
155       end
156     end
157   }
158 end
159
160 # データベースとデータファイルを閉じる
161 db.close
162 lib_file.close
163
164 # ClustalW を Ruby から呼び出す
165 # 配列 clustal_in_file_name には作成したファイル名が保存されている
166 clustal_in_file_name.each{|f_name|
167
168   # ClustalW のコマンドは'clustalw ファイル名'
169   command = 'clustalw ' + f_name
170
171   # Ruby からの外部プログラム呼び出し
172   system(command)
173 }
```

順番にプログラムをみていきましょう．ハッシュを使った簡単なデータベースとして紹介した GDBM (106 ページ) を利用するために，「gdbm」を呼び出し (10 行目)，データベース「DB_MULTFASTA」を作成しています (13 行目)．

次に，マルチ FASTA 形式の BLAST 用データベースファイル「uniprot_sprot_win(uni).fasta」のエントリごとに，ファイルポインタをデータベース「DB_MULTFASTA」に記録していきます (22〜50 行目)．このマルチ FASTA 形式ファイルは 40 万件以上のエントリが収載されているので，このブロックが終了するにはかなり時間がかかります (データベースの更新が必要なければ，この部分をコメントアウトしてください)．

データベース作成後に，前出のプログラム「bioruby-blast-2.rb」(144 ページ) で使用したのと同じように，BLAST を実行するためのオブジェクト「factory」(56 行目) と，インプットファイルを扱うオブジェクト「ff」(61 行目) を生成します．

インプットファイル「in-seq-mult-seq-2.fasta」の各クエリを使って，66 行目以降でデータベース「uniprot_sprot_win(uni).fasta.db」に対し，BLAST 検索を実行します．

80行目以降で，クエリ配列ごとの出力ファイルを準備し，ヒットエントリの全長配列を記録しています．今回は，E-Valueが1.0未満のものだけを対象とし(91行目)，該当するヒットエントリの「ID」をBioRubyのメソッド「target_id」を使って，キーとして取得しています(94行目)．

次に，ヒット配列IDをデータベースに問い合わせ(97行目)，実際のFASTA形式の配列をファイル「uniprot_sprot_win(uni).fasta」から該当するアミノ酸配列を取得し(110～147行目)，それぞれの出力ファイルに記録します(154行目)．ここでできるファイルは，クエリごとのマルチFASTA形式のファイル「Sample-1.seq～Sample-3.seq」です．

最後に，ファイル「Sample-1.seq～Sample-3.seq」のマルチプルアライメントをClustalWを使って実行します(166～173行目)．

ClustalWを直接実行するには

```
clustalw ファイル名
```

とコマンドプロンプトやシェルコマンドで入力しますが，Rubyのプログラムファイルから，ほかのプログラムを実行するために，「system( )」を使っています(172行目)．

「system( )」は，「( )」の中にほかのプログラムを実行するための入力コマンドを代入して使いますが，変数を入力コマンドの一部として使いたい場合に使用します(169行目)．

✐ メモ：コマンド出力について

Rubyでほかのプログラムを実行したい場合には，プログラム「bioruby-blast-3.rb」では「system( )」を使用しています．

この「system( )」のほかに，Rubyでは「‘ ‘」(バッククォート)が使用されます．「‘ ‘」の中にほかのプログラムを実行するための入力コマンドを記述することで，そのプログラムが実行されます．しかし，「system( )」のように，コマンドの一部に変数を使用することはできません．

コマンド出力について詳しいことは，関連するウェブページを参考にしてください[4]．

4) http://www.ruby-lang.org/ja/man/html/_A5EAA5C6A5E9A5EB.html

ClustalW で出力されるファイルには「.aln」と「.dnd」があります．「.aln」では，以下のようなマルチプルアライメントの結果が出力されます．

ClustalW の出力ファイル

```
CLUSTAL W (1.83) multiple sequence alignment


Q9Z0E6          ---------------MASEIHMSEPMCLIENTEAQLVINQEALRILSAITQPVVVVAIVG
Q63663          ---------------MASEIHMLQPMCLIENTEAHLVINQEALRILSAINQPVVVVAIVG
Q01514          ---------------MASEIHMSEPMCLIENTEAQLVINQEALRILSAITQPVVVVAIVG
P32455          ---------------MASEIHMTGPMCLIENTNGRLMANPEALKILSAITQPMVVVAIVG
Q5RBE1          ---------------MASEIHMTGPMCLIESTNGRLMANPEALKILSAITQPMVVVAIVG
Q5D1D6          ---------------MASEIHMTGPMCLIENTNGRLMVNPEALKILSAITQPVVVVAIVG
Q9H0R5          ---------------MAPEIHMTGPMCLIENTNGELVANPEALKILSAITQPVVVVAIVG
Sample-1        ------------------------------------------------------------
P32456          ---------------MAPEINLPGPMSLIDNTKGQLVVNPEALKILSAITQPVVVVAIVG
Q96PP8          ---------------MALEIHMSDPMCLIENFNEQLKVNQEALEILSAITQPVVVVAIVG
Q8CFB4          ---------------MAPEIHMPEPLCLIGSTEGHLVTNQEALKILSAITQPVVVVAIVG
Q8N8V2          ---------------MASEIHMPGPVCLIENTKGHLVVNSEALEILSAITQPVVVVAIVG
Q96PP9          MGERTLHAAVPTPGYPESESIMMAPICLVENQEEQLTVNSKALEILDKISQPVVVVAIVG
Q6ZN66          ---------------MESGPKMLAPVCLVENNNEQLLVNQQAIQILEKISQPVVVVAIVG
Q5R9T9          ---------------MESGPKMLAPICLVENNNEQLLVNQQAIQILEKISQPVVVVAIVG
Q61107          ---------------------MEAPICLVENWKNQLTVNLEAIRILEQIAQPLVVVAIVG

(以下省略)
```

もう一度まとめますが，今回のプログラム「bioruby-blast-3.rb」では，以下の 3 点に注目してください．

1. 「gdbm」を使って，ファイルポインタによる簡易データベースを作成している．
2. BioRuby から「Bio::Blast クラス」のオブジェクトを生成し，BLAST を実施している．
3. ClustalW を Ruby で使用するために，コマンド出力メソッド「system( )」としている．

このプログラムでは，本書でこれまで解説してきたプログラミングの手法が集大成されています．これらを応用して，今後，皆さんのプログラミングに役立ててください．

練習問題

練習 1 「sample-file-in-1.rb」(49 ページ) において，プログラムと違う場所に入力ファイル「sample-seq-1.fasta」(49 ページ) を置き，パスを記述して呼び出すように変更しなさい．

練習 2 「sample-file-out-1.rb」(54 ページ) において，ファイルを開くときのモード「'w'」を「'r'」や「'a'」に変更して，プログラムを実行したときの違いについて確かめなさい．

練習 3 「sample-file-in-2-4.rb」(53 ページ) において，区切り文字をプログラム実行時に入力することができるプログラムを作成しなさい．

練習 4 「sample-hensu-4-5.rb」(69 ページ) において，置換する文字をプログラム実行時に入力することができるプログラムを作成しなさい．

練習 5 「sample-hensu-4-7.rb」(70 ページ) において，区切り文字をプログラム実行時に入力することができるプログラムを作成しなさい．

練習 6 「dna-analysis-1.rb」(78 ページ) のコメント「# a, t, g, c の割合を計算」(76〜98 行目) の部分を，メソッドとして定義したプログラムを作成しなさい．

練習 7 「dna-analysis-2.rb」(84 ページ) を応用して，アミノ酸配列「sample-seq-1.data」からアミノ酸の種類ごとに，組成比を計算するプログラムを作成しなさい．

「sample-seq-1.data」の内容

```
MLAVGAMEGTRQSAFLLSSPPLAALHSMAEMKTPLYPAAYPPLPAGPPSSSSSSSSSSSP
SPPLGTHNPGGLKPPATGGLSSLGSPPQQLSAATPHGINNILSRPSMPVASGAALPSASP
SGSSSSSSSSASASSASAAAAAAAAAAAAASSPAGLLAGLPRFSSLSPPPPPPGLYFSPS
AAAVAAVGRYPKPLAELPGRTPIFWPGVMQSPPWRDARLACTPHQGSILLDKDGKRKHTR
PTFSGQQIFALEKTFEQTKYLAGPERARLAYSLGMTESQVKVWFQNRRTKWRKKHAAEMA
TAKKKQDSETERLKGASENEEEDDDYNKPLDPNSDDEKITQLLKKHKSSSGGGGGLLLHA
SEPESSS
```

練習 8 ファイルポインタを利用して，DNA 配列ファイル「dna-5-1.data」の 10, 20, 30, ··· 番目の核酸の種類を表示するプログラムを作成しなさい．

「dna-5-1.data」の内容

```
ccgccgggagagcggagcgtccgagcgagatcagaggcgcgcaccgggcggaacgccgcc
cgctttgaagctcccccaggcgagcgagccggcccccgccctcctacatcaaagcgaacg
ctccgcgcctcccaaccttgttgcaaactctctgggtcggctgcggggtacgtcttgctg
atttcccgcgggggtggagaagatgagaagcagagcgctctgagccgggaacgagggacc
agcgcctgggatcgaatccgggactcccgaagccgaggaagcgctgagcccgcccgcgcc
cccgcagccctcgcccctgccgcctcccgcggggcgtttggacatttttgctgcgcagct
cccggagcccgcggccgatccacacttcgcttgcgcgcgcccccggcacctcgggttctc
ccgagccccggcggggccaccgacctgcgtggctgcgggttcgggtctggctgtgggatg
ttagctgtgggggcgatggagggccctcggcagagcgcgttcctgctcagcagcccgccc
ctggccgccctgcacagtatggccgagatgaagaccccgctctaccccgccgcttatccc
ccgctgcccaccgggccccccctcctcctcgtcctcgtcctcctcgtcctcgtcgccctcc
ccacctttgggctcacataacccgggcggcttgaagcccccggccgcgggggggcctctcg
tccctgggcagtcccccgcagcagctttcggcggccaccccacacggcatcaacgacatc
ctgagccggccctctatgccggtggcctcgggggccgccctgccctccgcctcgccctcc
gggtcttcctcctcctcctcctcgtccgcctccgccacctcggcctctgcggcggccgcc
gccgccgctgctgctgccgccgctgccgcctcgtcgcccgctgggctgctggccggcctg
ccccgcttcagcagcctgaattctccgccaccgccgcccgggctctactttagccccagc
gccgcggctgtggccgccgtgggccggtaccccaagcccctggccgagctcccacgttct
ttggcaggaccagagagagcacgcttggcctattctctggggatgacggagagtcaggtc
gaggatgacgacgattacaacaaacctctggacccgaactctgacgacgagaaaatcact
cagctgctgaaaaagcacaaatcgagcggtggcagcctcctgctgcacgcgtcggaggcc
gagggctcgtcctgagcgcgaccagcaccgcggggatcgcgaccgcgtcccacagccggt
tcccccggcccccagtatcctggctgctcgccgggcctttactatttttttaagatgtaca
tatctatttttttaacctagaaattgtggcgggaagggtgcgggtcggtagcacggtgcg
ctgatgaggagaaaaggagcccgccaagtgcactgctcaaaaaaccaaaaaccaaaaaaa
```

練習 9 「for」による繰り返しを使用して，「hairetsu-1.rb」(90 ページ) における配列「hairetsu_1」の要素を，順番に出力するプログラムを作成しなさい．

練習 10 「sample-hensu-4-6.rb」(69 ページ) を応用して，配列に対するメソッド「reverse」を使用して，DNA 配列ファイル「dna-5-1.data」(156 ページ) の相補鎖 DNA 配列を表示するプログラムを作成しなさい．

練習 11 メソッド「each」を使用して，「hairetsu-1.rb」(90 ページ) と同じ出力となるプログラムを作成しなさい．

練習 12 「dna-aa-1.rb」(93 ページ) のコメント「# 読み枠 1,2,3 の翻訳後を出力」(103～119 行目) の部分を，メソッドとして定義したプログラムを作成しなさい．

練習 13 「dna-analysis-3.rb」(96 ページ) の文字列追加メソッド「<<」(37 行目) の代わりに，「文字列 1 + 文字列 2」の方法を使用したプログラムを作成しなさい．

練習 14 「dna-res-map-1.rb」(101 ページ) のハッシュ「sub_cha」(45 行目) の代わりに，配列を使用してこのプログラムを書き換えなさい．

(ヒント: いろいろな方法があるが，例えば，配列の代入するデータを「制限酵素名，制限酵素の切断パターン」のように，カンマなどで区切る方法もある.)

練習 15 「dna-res-map-2.rb」(110 ページ) を応用して，Swiss-Prot のデータファイル[1]から，任意のエントリについてデータを取得するプログラムを作成しなさい．

練習 16 「bioruby-1.rb」(135 ページ) において，BioRuby を利用して実行している処理を，BioRuby を使用せずに処理するプログラムを作成しなさい (これまでに本書の中で作成したプログラムをメソッドやライブラリとして利用可能).

練習 17 アミノ酸配列「sample-seq-1.data」(155 ページ) について，BioRuby を利用して，「分子量，アミノ酸組成」などについて表示するプログラムを作成しなさい．

練習 18 「bioruby-blast-1.rb」(143 ページ) を応用して，リモート (ネットワーク経由) で BLAST を利用するプログラムを作成しなさい．

(ヒント: BioRuby のクラス「Bio::Blast::Remote」を利用すれば，リモートで BLAST 用サーバを使用することが可能.)

練習 19 BioRuby の「Bio::FlatFile クラス」を利用して，下記の DDBJ/EMBL/GenBank 形式のデータ[2]から「ACCESSION 番号，生物種名，翻訳アミン酸配列」などを取り出すプログラムを作成しなさい．

```
LOCUS       AF102991               1119 bp    mRNA    linear   VRT 09-DEC-1998
DEFINITION  Gallus gallus homeodomain protein (Nkx-6.1) mRNA, partial cds.
ACCESSION   AF102991
VERSION     AF102991.1
KEYWORDS    .
SOURCE      Gallus gallus
  ORGANISM  Gallus gallus
Eukaryota; Metazoa; Chordata; Craniata; Vertebrata; Euteleostomi;
Archosauria; Aves; Neognathae; Galliformes; Phasianidae;
Phasianinae; Gallus.
REFERENCE   1  (bases 1 to 1119)
  AUTHORS   Qiu,M., Shimamura,K., Sussel,L., Chen,S. and Rubenstein,J.L.
  TITLE     Control of anteroposterior and dorsoventral domains of Nkx-6.1 gene
```

1) Swiss-Prot のデータファイルは，DDBJ のウェブページ (ftp://ftp.ddbj.nig.ac.jp/mirror_database/uniprot/) のデータファイル「uniprot_sprot.dat.gz」を利用せよ．

2) データは DDBJ の検索ページ (http://getentry.ddbj.nig.ac.jp/top-j.html) で，「AF102991」を検索すると取得することができる．

```
expression relative to other Nkx genes during vertebrate CNS
development
  JOURNAL   Mech. Dev. 72 (1-2), 77-88 (1998)
   PUBMED   9533954
REFERENCE   2  (bases 1 to 1119)
  AUTHORS   Qiu,M.S., Li,G.Y. and Rubenstein,J.L.R.
  TITLE     Direct Submission
  JOURNAL   Submitted (30-OCT-1998) Anatomical Sciences & Neurobiology,
University of Louisville, 500 Preston Street, Louisville, KY 40292,
USA
FEATURES             Location/Qualifiers
 source          1..1119
 /organism="Gallus gallus"
 /mol_type="mRNA"
 /db_xref="taxon:9031"
 gene            <1..1119
 /gene="Nkx-6.1"
 CDS             <1..462
 /gene="Nkx-6.1"
 /codon_start=1
 /product="homeodomain protein"
 /protein_id="AAC83926.1"
 /db_xref="GI:3983416"
 /translation="PPWRDARIGCAPHQGSILLDKDGKRKHTRPTFSGQQIFALEKTF
 EQTKYLAGPERARLAYSLGMTESQVKVWFQNRRTKWRKKHAAEMATAKKKQDSETERL
 KGASDNEDDDDDYNKPLDPNSDDEKIAQLLKKHKPGAGGLLPHPAEGEASA"
 misc_feature    73..252
 /gene="Nkx-6.1"
 /note="homeodomain"
BASE COUNT          254 a          316 c          341 g          208 t
ORIGIN
      1 ccgccctgga gggacgcccg catcggctgc gcgccgcatc aaggctcgat cctgctggac
     61 aaggacggca agaggaagca cacgcggccc acgttctccg ggcagcagat tttcgctctg
    121 gagaagactt tcgagcagac caagtacctg gcgggccccg agcgggcgcg gctcgcctac
    181 tcgctgggca tgaccgagag ccaggtgaag gtgtggttcc agaaccggcg gaccaagtgg
    241 cggaagaaac acgcggccga gatggcgacg gccaagaaga agcaggactc ggagacggag
    301 cggctgaagg gcgcctcgga caacgaggac gacgacgacg actacaacaa acccctcgac
    361 cccaactccg acgacgagaa gatcgcgcag ctgctcaaga aacacaaacc gggcgccggg
    421 gggctgctgc cgcaccccgc cgagggcgag gcctccgcgt agcccgcgca catgtacaga
    481 tctatttttc tacgctccga gcggccggag ccggactgcg ggctcgcgtc gtcgtaggct
    541 cgccggatgc ggccgagccg ggccggaccg cggcgtcgtt atggtagggt cgccggcggc
    601 ggggccacct gttgaaggct ctttgtaaat accccgcggg tcccggctgt gaatagcgcc
    661 cgtgtacgat accttcgttg tttttttgtac ggccgccggg ccccgcggac cgggggggga
    721 ccgcccgcgt ggcggtgggc tgcggtgccc gaggccgcgc ccgtagggaa ggaggaagga
    781 aggcagaaag ccccgcaggg ccaaactcgc gccggtggga accggcgcag ccactttcgg
    841 gcggaatata aaaacccatt tagttgctgt cattgaattt aaggtgtgtt ttccttttgt
    901 atcatacgga atactataga atgtaaattg ttttcttctt tctttttttt tttttaaaac
    961 gatgatctat cgtgacatag cgtcttaacc tttattaatt tatattaaaa ccaattcggt
   1021 ttgtaaagag aaggaaaacc ctttgcaacc ccgttcgatg taatgcactt tctgttcgca
   1081 aacaaaacaa cgataaacca attaaaccct aaaaaaaaa
//
```

練習 20 BioRuby の「Bio::PDB クラス」を利用して，下記の PDB 形式のデータ[3]から「PDB-ID 番号，KEYWORD」などを取り出すプログラムを作成しなさい．また，各原子 (ATOM タグ) の座標情報を表示させることも試みなさい．

```
HEADER    HORMONE/GROWTH FACTOR                   09-AUG-98   1BQF
TITLE     GROWTH-BLOCKING PEPTIDE (GBP) FROM PSEUDALETIA SEPARATA
COMPND    MOL_ID: 1;
COMPND   2 MOLECULE: PROTEIN (GROWTH-BLOCKING PEPTIDE);
COMPND   3 CHAIN: A;
```

3) データは PDBj の検索ページ (http://www.pdbj.org/index_j.html) で，「1BQF」を検索すると取得することができる．

```
COMPND   4 OTHER_DETAILS: CHEMICALLY SYNTHESIZED
SOURCE    MOL_ID: 1;
SOURCE   2 ORGANISM_SCIENTIFIC: APANTELES KARIYAI;
SOURCE   3 ORGANISM_COMMON: BRACONID WASP;
SOURCE   4 ORGAN: BRAIN;
SOURCE   5 TISSUE: FAT BODY;
SOURCE   6 OTHER_DETAILS: CHEMICALLY SYNTHESIZED
KEYWDS    GROWTH FACTOR
EXPDTA    NMR, 16 STRUCTURES
AUTHOR    T.AIZAWA,N.FUJITANI,Y.HAYAKAWA,A.OHNISHI,T.OHKUBO,K.KWANO,
AUTHOR   2 K.HIKICHI,K.NITTA
REVDAT   4   01-APR-03 1BQF    1       JRNL
REVDAT   3   01-MAY-00 1BQF    1       COMPND SOURCE DBREF
REVDAT   2   29-DEC-99 1BQF    4       HEADER COMPND REMARK JRNL
REVDAT   2 2                   4       ATOM   SOURCE SEQRES
REVDAT   1   09-DEC-98 1BQF    0
JRNL        AUTH   T.AIZAWA,N.FUJITANI,Y.HAYAKAWA,A.OHNISHI,T.OHKUBO,
JRNL        AUTH 2 Y.KUMAKI,K.KAWANO,K.HIKICHI,K.NITTA
JRNL        TITL   SOLUTION STRUCTURE OF AN INSECT GROWTH FACTOR,
JRNL        TITL 2 GROWTH-BLOCKING PEPTIDE.
JRNL        REF    J.BIOL.CHEM.                  V. 274  1887 1999
JRNL        PUBL   ROCKVILLE PIKE, BETHESDA, MD USA
JRNL        REFN   ASTM JBCHA3  US ISSN 0021-9258

|

|      (途中省略)

|

REMARK 500
REMARK 500 STANDARD TABLE:
REMARK 500 FORMAT:(10X,I3,1X,A3,1X,A1,I4,A1,4X,F7.2,3X,F7.2)
REMARK 500
REMARK 500  M RES CSSEQI        PSI       PHI
REMARK 500  8 TYR A  24      -93.06     56.50
REMARK 500 11 ASN A   2      -90.28     61.90
REMARK 500 14 TYR A  24      154.41     65.87
DBREF  1BQF A    1    25  UNP    Q27913   GBP_PSESE        1     25
SEQRES   1 A   25  GLU ASN PHE SER GLY GLY CYS VAL ALA GLY TYR MET ARG
SEQRES   2 A   25  THR PRO ASP GLY ARG CYS LYS PRO THR PHE TYR GLN
SHEET    1   A 2 TYR A  11   ARG A  13  0
SHEET    2   A 2 CYS A  19   PRO A  21 -1  N  LYS A  20   O  MET A  12
SSBOND   1 CYS A    7    CYS A   19
CRYST1    1.000    1.000    1.000  90.00  90.00  90.00 P 1           1
ORIGX1      1.000000  0.000000  0.000000        0.00000
ORIGX2      0.000000  1.000000  0.000000        0.00000
ORIGX3      0.000000  0.000000  1.000000        0.00000
SCALE1      1.000000  0.000000  0.000000        0.00000
SCALE2      0.000000  1.000000  0.000000        0.00000
SCALE3      0.000000  0.000000  1.000000        0.00000
MODEL        1
ATOM      1  N   GLU A   1      -5.114  10.631  -9.241  1.00  0.00           N
ATOM      2  CA  GLU A   1      -6.599  10.495  -9.254  1.00  0.00           C
ATOM      3  C   GLU A   1      -7.012   9.323  -8.360  1.00  0.00           C
ATOM      4  O   GLU A   1      -6.617   8.194  -8.581  1.00  0.00           O

|

|      (途中省略)

|

ENDMDL
CONECT   82  258
CONECT  258   82
MASTER       66    0    0    0    2    0    0    6 5936   16    2    2
END
```

付録：BioRubyのクラスとメソッド

クラス名	メソッド名	内　容
Bio::Sequence::NA		DNA，RNA などの塩基配列を取り扱うクラス
	.new	塩基配列のオブジェクトを生成する 例　na = Bio::Sequence::NA.new('AGAATTCT') (1 行で記述)
	.translate	塩基配列をアミノ酸配列へ翻訳する 例　puts na.translate 生成したオブジェクトに対して使用する (以下のメソッドも同様)
	.complement	塩基配列の相補鎖配列を生成する
	.molecular_weight	塩基配列の分子量を計算する
	.to_re	塩基配列の正規表現を返す
	.codes	塩基配列の 3 文字表記を返す
	.names	塩基配列名を省略形ではなく，塩基名で返す
	.dna	遺伝子配列の U を T に置換して，DNA 配列を返す
	.rna	遺伝子配列の T を U に置換して，RNA 配列を返す
	.gc_content	遺伝子配列中の G と C の割合を返す
	.cut_with_enzyme	塩基配列を制限酵素で切断したときの情報を返す 例　puts na.cut_with_enzyme('EcoRI') 制限酵素名を指定する puts na.cut_with_enzyme('g^aattc') 切断部位の塩基配列を指定する方法もある (^は切断箇所)

クラス名	メソッド名	内　容
Bio::Sequence::AA		アミノ酸配列を取り扱うクラス
	.new	アミノ酸配列のオブジェクトを生成する 例　aa = Bio::Sequence::AA.new('MAIFK') (1 行で記述)
	.molecular_weight	アミノ酸配列の分子量を計算する 例　puts aa.molecular_weight 生成したオブジェクトに対して使用する (以下のメソッドも同様)
	.codes	アミノ酸配列の 3 文字表記を返す
	.names	アミノ酸配列名を省略形ではなく，アミノ酸名で返す
	.to_re	アミノ酸配列の正規表現を返す
Bio::Sequence		Bio::Sequence::NA と AA を包括するクラスであり，両方のクラスで共通に以下のメソッドが使用できる
	.seq	配列データからスペースを削除して配列を結合する
	.subset(n,m)	配列データの n 番目から m 番目までを抽出する
	.to_fasta('name',m)	配列データを FASTA 形式で表示する name はヘッダ情報，m は 1 行の配列データ数
	.composition	配列データの構成要素の数を返す
	.randomize	配列データの構成要素の数を利用して，ランダムな配列を生成する
Bio::Blast		BLAST を使用するためのクラス
	.local(.'p','d')	ローカルな環境で BLAST を使用するためのオブジェクトを生成する p は blastp などのプログラム名， d は BLAST 用データベースへのパス 例　fa = Bio::Blast.local('p','d')
	.query(seq)	.local で生成した BLAST を使用するためオブジェクトへクエリ配列を渡す seq は配列オブジェクトなど 例　rep = fa.query(seq)

クラス名	メソッド名	内　容
Bio::Blast	.remote(.'p','d')	リモートの環境で BLAST を使用するためのオブジェクトを生成する 使い方は.local と同じ デフォルトの接続先はゲノムネット
Bio::Blast:: Defalt:: Report::Hit		.query で生成した BLAST の結果を取り扱うクラス Bio::Blast がスーパークラスとなっている
	.evalue	ヒットエントリの E-Value を返す
	.identity	ヒットエントリの%-identity を返す
	.target_id	ヒットエントリの ID を返す
	.target_len	ヒットエントリのアミノ酸の長さを返す
	.target_seq	ヒット配列のアライメント部分を返す
	.target_ start	ヒット配列のアライメント部分の最初の位置を返す
	.target_end	ヒット配列のアライメント部分の最後の位置を返す
	.query_seq	クエリ配列のアライメント部分を返す
	.query_start	クエリ配列のアライメント部分の最初の位置を返す
	.query_end	クエリ配列のアライメント部分の最後の位置を返す
	.midline	クエリ配列とヒット配列のアライメントの間の配列を返す
Bio::FlatFile		バイオインフォマティクス用の種々のファイル形式を読み込むクラス
	.auto('file')	ファイルの形式を自動認識してデータオブジェクトを生成する file はファイル名とそのパス 例　ff = Bio::FlatFile.auto('file')
	.to_a	フラットファイル中の情報を，エントリごとに配列にして返す
	.rewind	FlatFile のファイルポインタを最初にもどす
	.pos	ファイルポインタのポジションを返す

クラス名	メソッド名	内　容
Bio::FlatFile	.eof?	ファイルポインタのポジションがファイルの最後にあるか判断する
Bio::DDBJ::XML		DDBJ のウェブサーバにアクセスするクラス

Bio::DDBJ::XML ::GetEntry		DDBJ の GetEntry を利用してデータを取得する
		例　`sv =`
		　`Bio::DDBJ::XML::GetEntry.new`
		`new` を使ってデータを取得するオブジェクトを生成
		　`puts serv.getDDBJEntry('name')`
		`name` はエントリ名

Bio::DDBJ::XML ::Gtop		DDBJ の GTOP データを取得する
		例　`sv =`
		　`Bio::DDBJ::XML::Gtop.new`
		　`puts sv.getOrganismList`
		GTOP における生物種データの取得
		　`puts sv.getMasterInfo('g', 'o')`
		g 遺伝子 ID と o 生物種 ID を指定して GTOP データを取得

Bio::PubMed		文献情報データベース PubMed のデータを取得，処理するクラス
	.pmfetch	PubMed の ID を指定してデータを取得する 例　`puts Bio::PubMed.pmfetch("id")` `id` は PubMed の ID

	.esearch	PubMed をキーワードで検索する
		例　`Bio::PubMed.esearch("kw")`
		　`.each do |x|`
		　　`p x`
		　`end`
		`kw` は検索キーワード

おわりに

バイオインフォマティクスを題材に，Rubyについての基本的なプログラミング技術を習得する目的で書かれたこの本は，いかがだったでしょうか．なるべく，皆さんの興味がわくように記したつもりですが，いたらない部分もあったかもしれません．

この本ではRubyの文法について説明しましたが，基本編で紹介した「条件分岐」や「繰り返し」などの文法事項は，ほかのプログラミング言語においても出現します．それらの文法事項は表現の仕方が異なるだけで，基本的な考え方は同じなので，この本でRubyの基本を覚えてしまえば，ほかの言語を覚える際にもきっと役に立つでしょう．

この本でRubyの基本について習得されたら，どうぞ皆さんが興味のある専門分野や，仕事上の問題に対してRubyを使ってみてください．プログラミングが一番上達する方法は，自分自身でプログラムを作成してみることです．実際にプログラムを作成してみることによって，プログラミング技術に対する理解が深まります．また，自分の興味があることについてプログラムを作成する方が，義務で作成しなくてはいけないプログラムを作成するよりも，はるかに何倍も楽しいはずです．

ほかの勉強や技術を学ぶことと同じで，プログラミングもここまでできれば終わりというものではありません．この本で紹介したほかに，Rubyでもまだまだ便利なプログラミング技法が存在しています．それらについても，いつか紹介できる機会があればと考えています．この本を通じて皆さんのプログラミング技術習得のお手伝いができればうれしいですし，もう１つのテーマであるバイオインフォマティクスについても，興味をもってもらえれば望外の喜びです．

最後に，Rubyのような習得しやすいプログラミング言語が出現したことによって，コンピュータを自由自在に操ることの楽しさが一般の方々にも広まることを願ってやみません．

2009年8月

多田雅人

索　　引

記　号

欧　文

A

B

和 文

著者紹介

多田雅人（ただまさひと）

1965年	千葉県に生まれる
1995年	群馬大学工学部卒業
1997年	東京大学大学院理学系研究科 博士前期課程生物科学専攻修了 第一ファインケミカル株式会社研究員
2003年	富山医科薬科大学大学院薬学研究科 社会人博士後期課程修了，博士(薬学) 富山医科薬科大学特別研究員
2005年	国立遺伝学研究所 DNA Data Bank of Japan 研究センター特別研究員
2008年	近畿大学大学院総合理工学研究科オープン リサーチセンター研究支援者

2009年11月25日 初版発行

Rubyではじめる
バイオインフォマティクス
——生物系のためのプログラミング入門——

著者 多田雅人
発行者 山本 格

発行所 株式会社 培風館
東京都千代田区九段南 4-3-12・郵便番号 102-8260
電話(03)3262-5256(代表)・振替 00140-7-44725

中央印刷・三水舎製本

PRINTED IN JAPAN

ISBN 978-4-563-07809-6 C3045